液体/凝胶火箭发动机工作过程建模与仿真分析

Modeling and Simulation Analysis of Liquid and Gel Rocket Engine in the Operation Process

黄敏超　李大鹏　编著

国防科技大学出版社

·长沙·

内 容 简 介

本书以空间推进系统、凝胶推进系统、泵压式液体火箭发动机为研究对象,建立和阐述了液体/凝胶火箭发动机工作过程的理论、动态模型和数值计算方法。第一篇建立空间推进系统工作过程数学模型,包括气瓶数学模型、电爆阀数学模型、减压阀数学模型、贮箱数学模型、液体管道数学模型、孔板及过滤器数学模型、电磁阀数学模型、充填管道数学模型和推力室数学模型,仿真分析了空间推进系统启动、稳态和关机过程的特性。第二篇建立凝胶推进系统工作过程数学模型,仿真分析了凝胶推进系统流量分配规律、水击特性和推力调节特性。第三篇建立泵压式液体火箭发动机工作过程数学模型,对泵压式液体火箭发动机起动过程特性进行仿真分析。上述理论或动态模型反映了当前液体/凝胶火箭发动机工作过程的最新研究成果。

本书可作为航天、航空、动力等领域和专业的师生和科技人员从事液体/凝胶火箭发动机工作过程仿真分析的教材或参考书。

图书在版编目(CIP)数据

液体/凝胶火箭发动机工作过程建模与仿真分析/黄敏超,李大鹏编著.—长沙:国防科技大学出版社,2017.7(2020.1 重印)
ISBN 978 - 7 - 5673 - 0501 - 4

Ⅰ.①液… Ⅱ.①黄…②李… Ⅲ.①液体推进剂火箭发动机—燃烧过程—建立模型
②液体推进剂火箭发动机—燃烧过程—系统仿真 Ⅳ.①V434

中国版本图书馆 CIP 数据核字(2017)第 176244 号

国防科技大学出版社出版发行
电话:(0731)84572640 邮政编码:410073
责任编辑:石少平 责任校对:周伊冬
新华书店总店北京发行所经销
国防科技大学印刷厂印装

*

开本:787×1092 1/16 印张:14.75 字数:350 千字
2017 年 7 月第 1 版 2020 年 1 月第 2 次印刷 印数:201 - 700 册
ISBN 978 - 7 - 5673 - 0501 - 4
定价:40.00 元

前　言

　　液体/凝胶火箭发动机具有比冲高、能多次启动与关机、工作时间可设定、推力可调节等优点，使其在人类未来探索空间的发展上长期占据重要地位。液体/凝胶火箭应用领域的日益拓展，客观上要求人们更深入地研究液体/凝胶火箭发动机工作特性，而液体/凝胶火箭发动机工作过程建模与仿真分析是这类研究中的一个重要方向。液体/凝胶火箭发动机工作过程性能分析是软件设计、流体力学、工程热力学、传热学、燃烧学和液体火箭发动机等多学科的综合应用，是国内外液体/凝胶火箭发动机领域最活跃的研究方向之一。

　　本书描述的液体/凝胶火箭发动机工作过程包括：启动、从额定工况过渡到高级或低级工况、关机等。由于液体/凝胶火箭发动机各个组件工作过程的物理公式及数学表述极其复杂，在考虑液体火箭发动机组件主要功能的同时，必须考虑大量的辅助过程：低温推进剂的沸腾；液体或气体流经迷宫式密封；换热器工作过程；各种阀工作过程；发动机和燃烧室混合头部内腔的充填与排空过程；过渡工况供入混合头部起保护作用或在过渡工况下对推进剂起乳化作用的气体影响等。当然，物理和数学模型的完善是通过液体/凝胶火箭发动机型号研制单位和科研院校专家们共同开展的。在完善液体/凝胶火箭发动机工作过程的数学和物理模型过程中，更要注重的是计算和试验数据的判别。

　　本书第一篇根据新一代空间推进系统试验装置，建立其工作过程数学模型，包括气瓶数学模型、电爆阀数学模型、减压阀数学模型、贮箱数学模型、液体管道数学模型、孔板及过滤器数学模型、电磁阀数学模型、充填管道数学模型和推力室数学模型。采用 Modelica 语言编制了各组件工作过程的仿真程序，并以各组件仿真模块拼装整个空间推进系统的仿真软件。对空间推进系统工作过程进行了数值计算，并以大量的数值计算结果为基础分析了空间推进系统启动、稳态和关机过程的动态特性。

本书第二篇讨论了凝胶推进系统工作过程特性。在建立凝胶推进系统工作过程数学模型之后，采用模块化方法编制仿真程序。通过对大量仿真结果进行分析，获得了凝胶推进系统充填与关机过程特性、瞬态过程响应时间特性、流量分配规律、水击特性及推力调节特性，为凝胶推进系统的设计、试验和应用提供有价值的参考信息。

本书第三篇建立了泵压式液体火箭发动机工作过程的数学模型，包括液路数学模型、离心泵数学模型、流量调节器数学模型、电磁阀数学模型、再生冷却通道数学模型、燃烧室数学模型、喷管数学模型和涡轮数学模型，对泵压式液体火箭发动机起动过程特性进行仿真分析。

本书既是作者长期从事液体/凝胶火箭发动机工作过程建模与仿真分析工作的总结，也参考了国内外著名书籍。此外，由于液体/凝胶火箭发动机工作过程建模与仿真分析是一个非常复杂的研究领域，许多工作过程机理仍不明晰，液体/凝胶火箭发动机工作过程建模与仿真分析仍处于不断的发展变化当中，本书必然还存在许多疏漏之处，恳请读者批评指正。

编著者
2017 年 3 月

目　录

第一篇　空间推进系统工作过程

第二篇　凝胶推进系统工作过程

第三篇　泵压式液体火箭发动机

第一篇

空间推进系统工作过程

建模与仿真分析

第一章 绪 论

1.1 性能分析意义

空间推进系统按推进剂种类分为单组元、双组元、冷气推进和电推进等,空间推进系统工作过程与结构、控制、热控、电源、遥测遥控等分系统的工作状态紧密相关[1]。空间推进系统在工作方式、技术性能和系统结构等方面具有明显的特点:

(1)在高空和失重的空间环境下工作,受到空间热辐射作用,工作环境恶劣。

(2)系统由多个推力器组成,推力大小由几牛到几千牛。

(3)多机并联,通过液路和气路耦联在一起工作。

(4)多次启动,其累计工作次数或循环工作寿命,从几次至几千次。

(5)通常为脉冲工作方式,由安装于推力室头部的电磁阀直接控制推进剂进入燃烧室,充填过程较快,响应时间一般为4ms～25ms。

(6)不仅能在额定推力下工作,而且根据任务不同可以调节推力,最大推力可大于额定推力的10多倍。

(7)采用挤压式推进剂供应系统,系统工作稳定,可靠性高,结构质量轻。

(8)采用双组元自燃推进剂或单组元推进剂组织燃烧。

空间推进系统绝大部分时间是在非稳态条件下工作的,各个推力器频繁地进行着启动与关机,而且阀门开关时间很短,导致推进剂供应系统内可能会出现水击现象。水击不仅可能对推进系统结构造成损坏,还会影响通过液路耦联的系统动态性能[2-6]。因此,液路耦联的多推力器工作性能如何通过系统结构和工作模式彼此影响,影响程度有多大,以及如何通过系统结构和工作模式的设计来优化系统动态性能,是非常值得研究的课题。对于数值仿真方法,一方面,它作为现代科研的重要手段已经在空间推进系统设计中得到大量应用,它比实验研究不仅经济、安全,而且更易于控制各种条件,能够实现单一因素的影响研究。数值仿真方法对避免推进系统设计上的缺陷,优化其性能,缩短新型号推进系统的研制周期,降低研制、实验费用等都具有十分重要的意义。另一方面,数值仿真结果与实验结果相比,其可靠性相对较差,研究时一般须采用有限的实验结果修正数值仿真结果以后,再用数值仿真结果指导型号研制。因此,采用经过实验验证的数值计算方法进行空间推进系统工作过程动态性能研究,揭示其内在规律,是非常重要的。

1.2 研究现状

1.2.1 推进剂供应管道响应特性研究

推进剂供应管道响应特性是发动机系统动态特性的重要研究内容之一。液体火箭发动机的启动与关机过程、推力调节过程、燃烧室压强波动、涡轮泵入口气蚀区振荡以及推进剂管道的泄漏与堵塞等都会引起液体火箭发动机推进剂供应管道中的非定常流动（瞬变流），加之液体火箭发动机的推进剂供应管道具有直径小、流量大和压强高的特点，这样，如何建立一个合理而实用的推进剂供应管道的数学模型一直是许多学者研究的重要课题，并极大地推动了流体传输理论的发展。

在低频（<50Hz）范围之内，液体管道的传输特性可以忽略液体的压缩性而视为集中参数的流阻和流感，气体管道的传输特性可以忽略气体的惯性而视为集中参数的流阻和流容，刘红军[2]、M. P. Binder[3]等学者对流体管道动态特性的模型化都采用了集中参数的流阻、流感或流容[4]。在分析液体管道动态特性时，需要考虑流体的压缩性、惯性、粘性和局部阻力等因素的影响。如果采用集中参数方法来描述这些物理性质，必须满足空间长度与波长相比几何尺寸很小的条件限制，例如管道分段长度 $L \ll \lambda = a/f_{max}$，$a$ 为声速，$f_{max} = \omega_{max}/2\pi$ 为最大振频，在很多文献中有详细的论述[5-7]。液体火箭发动机中包含有一系列有组织的不等温气体运动的流路：燃烧室、燃气发生器、燃气导管等。因此，和液体管道相比，气体管道中除了压强和流量这两个变量外，还必须考虑燃气的温度变化。

在中高频，则需要考虑管道流体的分布参数特性[8-12]。由于本书采用集中参数法，所以对分布参数方法不详细介绍。

关于水击特性分析，国内外也做了很多研究工作，目前已经有了较为成熟的理论，建立了一套较为完整的数学模型。1897 年，俄国学者茹可夫斯基阐明了水击产生的机理，并给出了水击波传播速度的计算公式。1902 年，意大利学者阿维列以数学方法建立了不稳定流动的基本微分方程，奠定了水击分析的理论基础。此后，各种方法应运而生，由于受到当时计算手段的限制，而使如何精确地求解水击问题陷入困境，只能用图解法、解析法来求解较为简单的水击问题。对于复杂管道系统中发生的水击问题，虽然可以用数值解法，但由于计算工作量巨大，人工计算基本上是不可能的。到了 20 世纪 60 年代，由于计算机技术的飞速发展，使得阿维列方程的数值解得以实现。特别是目前计算机的发展与应用普及，使得数值解法求解更精确、更快速、更方便，因此水击计算借助于计算机技术的发展得到了进一步的发展。王树人、E. B. Wylie 等学者对水击计算的理论均做了比较详细的介绍和研究。水击计算的控制方程组，即运动方程和连续性方程，是一组非线性双曲线型方程组，变量虽然不多，但对于几何边界条件比较复杂的情况，求解精确的解析解十分困难，甚至不可能实现。目前，概括起来水击计算的方法有：解析法、图解法和数值解法。水击计算的解析法只能针对简化的基本方程组求解，只适用于不计水头损失的简单管道;图解法过程复杂、繁琐,精确性不高,现在已经很少使用;数值解法实际上是用计算机仿真计算代替实际的物理模型试验,具体计算方法包括特征线法和差分法[13-16]。特征线法是目前最常用的,理论比较完善,求解问题也比较方便,且不受管道系统复杂程度的限制;差分法用计算机求解水击问题,可以将计算结果采用清晰、明了的图形显示出来,使得对问题的分析研究更加方便、直观,更有利于达到对工程问题研究的目的。与常规的物理模型试验相比,数值仿真适应性强、应用面广,不仅具有投资少、过程量化、精确度高、计算速度快、结果形象直观等特点,而且可在短时间内进行物理方程中各项影响因素的有效性和敏感性仿真计算,不受物理模型试验率的限制,具有较多的灵活性和较好的移植性,但计算必须依赖于基本方程的可靠性。实验研究方面,国内外主要针对阀作动时间、节流装置(如孔板、文氏管等)以及背压进行试验研究[17-21]。

1.2.2　阀与调节器响应特性研究

阀和调节器的动态特性对推进剂供应管道系统的流体瞬变过程有极大的影响。液体火箭发动机上采用的阀和调节器种类繁多,由于各种阀、调节器结构上的差异,其动态模型是有所不同的,因而难以用统一的数学模型描述。Pyotsia 对一四通气动控制阀建立了准确度较高的动态数学模型,对气动液阀的建模具有参考价值[22]。沈赤兵研究员对一电磁气动液阀的响应特性进行了详尽的分析[23]。刘红军研究员对一稳流调节器的响应特性进行了研究[2]。对阀和调节器,一个较简单的处理方法是将其视为一个变截面的孔板阻力元件,用准稳态的关系式描述上下游压强与质量流量之间的关系。文氏管是液体火箭发动机中常用的一种定流通截面稳流调节器,在气蚀状态,文氏管的质量流量与下游的压强波动无关,但气蚀区体积的变化将影响下游压强,张育林、王珏等学者详细地考虑了文氏管的这一动态过程。

1.2.3　燃烧室响应特性研究

液体火箭发动机燃烧室内发生着复杂的物理、化学变化,要详细描述它是困难的。为了进行系统分析,冯·卡门提出了燃烧时滞的概念,Crocco 和 Summerfield 对其做了进一步讨论,奠定了用于系统分析的燃烧时滞模型的基础[24]。这种模型将燃烧过程用一简单的"时滞"来表示,使得分析较为简单,至今仍是最普遍使用的模型。

用于系统分析的燃烧室模型发展不大。刘昆教授将燃烧室分为燃烧区和流动区[25],但其分界线的确定只能依靠试验;J. Benstsman 建立了面向控制的燃烧室内反应流动模型,这是个比较精细的模型,但仍然有较大缺陷[26];M. P. Binder 考虑了推进剂密度变化对启动过程的影响[3],但这些考虑还是基于时滞模型的;沈赤兵研究员研究了时滞对小推力发动机系统动态特性的影响[23]。谭建国博士针对"时滞"模型的局限性,提出了一维燃烧室模型[27]。

对燃烧室的动态过程的研究侧重于喷雾燃烧过程机理、燃烧不稳定性及其流场数值仿真技术的研究,模型有一维和多维(二维或三维)蒸发、反应流模型,主要采用计算流体力学(CFD)方法。由于实际喷雾燃烧过程的复杂性和燃烧过程对液体火箭发动机性能的重要性,这类研究至今仍是国际热门研究课题。然而,在目前,对发动机系统动态特性进行仿真与分析,即便是采用喷雾燃烧过程相对简单的一维模型仍显太复杂,因而在液体火箭发动机系统动态过程仿真与分析的公开文献报道中,对燃烧室均是采用反应平均效应的零维模型。研究和采用相对简单同时又能较细致地描述燃烧室动力学过程的数学模型用于发动机系统动态特性分析与仿真,将是有关学者、专家努力追求的目标。

1.2.4　工作过程模块化建模与仿真

同发动机静态特性的通用计算方法研究相比,发动机工作过程的模块化建模与仿真的研究尚处于初步阶段,但其发展空间巨大,前景乐观。

由 Pratt Whitney 公司研制的火箭发动机瞬变仿真(Rocket Engine Transient Simulation,ROCETS)软件系统,可以对整个发动机的稳态、启动、关机及变工况过程进行模拟[34]。其结构、系统组成定义的方式、系统预处理(连接、校验)的方式、元件模型描述、子模块(一类用于元件特性曲线、物性参数以及公用函数计算的子程序)描述,以及用 ROCETS 对技术试验平台发动机(Technology Test Bed Engine,TTBE)进行仿真的示例在多部文献中有所介绍。ROCETS 建立了预燃室、主燃烧室、喷注器、转子系统、考虑流体惯性的管道、流体混合器、流体分配器和集中参数体积等八类状态变量元件模块,以及泵、涡轮、喷管、只考虑压强损失的不可压流体管道和只考虑孔板阻力损失的可压缩气体管道五类非状态变量元件模块,所有的元件模型都是基于集中参数描述或非稳态关系描述。ROCETS 完成了 RL10A－3－3A 发动机仿真模型的建立及计算分析[3]。

刘红军研究员利用 Simulink 软件,基于集中参数模型,建立了液体火箭发动机常用元件的积分(有限差分)计算模块,实现了基于 Simulink 软件的发动机状态过程通用仿真计算[2]。

清华大学的倪维斗等学者对热力系统基于集中参数建立了模块化仿真系统,模块的分割是按物理设备或组件来划分,组件工质的进、出口就是模块输入、输出接口,提出了网络变量与网络方程的概念和数据通讯模型,用以解决系统元件之间连接关系的校验以及模块之间的数据传递与连接[28]。

刘昆教授提出了流体管道系统的管道－体积模块化分解方法,针对液氧液氢分级燃烧动力循环发动机结构与启动、关机过程计算问题特点,发展了相应的气液管道、涡轮泵、燃烧室和喷管等组件计算模型,将发动机系统模型统一在分段集中参数的有限元描述之下,整个发动机系统动态特性由一组联立的一阶微分方程组的初值问题确定;在此基础上研究了具有可视化建模功能的发动机工作过程通用仿真系统(LRETMMSS)[25]。程谋森教授建立了发动机启动计算的系统数学模型,提出了特征差分方法计算单时步局域化的发动机系统模块分解方法和相应的启动计算并行化方法,研制启动计算的 PVM 程序[29]。

王珏研究员利用数值仿真方法完成了对 YF－73 液体火箭发动机系统启动过程的分析,为大型运载火箭上面级推进装置的研制起到了重要作用[30]。陈杰研究员应用结点法建立发动机系统静态模型,并进行数值仿真,对发动机系统构型做出延拓性研究[31]。尘军研究员利用数学仿真手段指导氢氧发动机的系统设计和试验控制时序的制订,为高压补燃氢氧发动机的研制起到奠基作用。魏鹏飞博士等探讨了液体火箭发动机组件及子系统的建模及其仿真方法;开发出液体火箭发动机工作过程仿真模块库。Sassnick 等学者利用流体内能状态方程对弱压缩性的液体与气体在方程形式上做到了统一处理,在声速中考虑了壁面变形的影响,在源项中考虑了壁面传热和流体加速度的作用,针对低温推进剂充填过程的受热蒸发而引起的气液两相流,考虑了气液两相流的对流换热,对液氢的充填预冷、阀关闭后液氧管流的水击做了算例并与试验结果进行了对比,对 Ariane 火箭上面级发动机 HM60 的启动瞬变过程做了仿真计算与分析。

1.2.5 系统稳定性分析

液体火箭发动机的频率特性,是对发动机系统进行控制和自动调节的原始数据,对于发动机 - 调节器系统的稳定性分析、研制飞行器控制系统,以及分析火箭在飞行过程中的纵向稳定性都具有十分重要的意义。在新型号发动机的研制中需要准确计算发动机的频率特性。在较低的频率范围内(<50Hz),可采用集中参数模型分析发动机系统的动态特性,通过对数学模型线性化处理和拉普拉斯变换,可以得到发动机系统中各个回路以及整个系统的传递函数,这时,可以利用自动控制理论中成熟的频率特性理论对发动机系统的稳定性进行定性、定量分析,陈启智教授在相关文献中作了详细的论述[32]。当考虑的频率范围扩大时,必须采用分布参数模型。David T Harrjc 提出了一种导纳比的方法,以输入导纳的形式表示供应系统,分析发动机的燃烧不稳定性。该方法只能处理管道系统较简单的情况,对于分支管道包含其它组件,并与主管道汇合的情况,此方法难以处理。Doane,GB,Armstrong 等采用该方法实现了发动机稳定性分析程序。格列克曼等采用矩阵法分析,能够处理系统较复杂的情况。对于分级燃烧循环的液体火箭发动机,其所有组件都互相联系着,往往难以区分出某个主要的表示发动机动态特性的环节,在建立发动机模型时,需要利用所有组件的方程,将组件的模型表示为传输矩阵的形式,通过矩阵变换简化系统的模型,得到联系扰动量和系统变量的代数方程组,用数值方法求得系统的频率特性。

总的来说,国外对液体火箭发动机动态特性的研究主要集中在:系统动态过程(包括推进剂充填、启动过渡、变工况、关机过程)的仿真研究[33 - 36]。国外各种液体火箭发动机在研制过程中大都进行过系统动态过程的仿真研究,如 SSME 所采用的方法为集中参数法和分布参数法;组件动态响应特性、频率特性的研究,主要针对燃烧室、涡轮泵和管道系统。对燃烧室响应特性的研究侧重于喷雾燃烧过程机理、二维或三维反应流流场计算和燃烧过程本身的不稳定性上;对涡轮泵响应特性的研究是将涡轮和泵的流动部分与转动部分分别计算,建立泵产生气蚀的复杂模型和不考虑气蚀的简化模型;对于管道系统则是采用 R - L - C 模型或计算瞬变流的特征线法。发动机系统稳定性研究,主要是对发动机系统的工作稳定性边界进行了理论分析,采用简化的数学模型和线性化方法求解。此外,在发动机系统动态特性研究中试验也同样占有很重要的位置,将试车数据同所建模型的计算结果即过渡过程时间、稳态值、超调量或频率特性进行比较,来综合评定动态模型的准确度。

国内在液体火箭发动机动态特性的研究方面,近十年来也同样做了不少工作。主要集中在开式和闭式循环液体火箭发动机启动特性分析,液体火箭发动机故障过程分析,以及管道系统的频率响应特性计算。

1.3　Modelica 语言/Dymola 软件简介

本篇采用了 Modelica 语言进行建模。Modelica 是一种应用于多领域的、面向对象的建模语言[37]。Modelica 的设计是为了允许复杂物理系统方便的、面向组件的建模,例如,包含机械、电、电子、液压、热、控制和电力的系统等。

1.3.1　Modelica 产生背景

自从计算机发明之后,建模和仿真就成为计算机应用的重要部分。最初,建模者的主要工作是把模型用常微分方程 Ordinary Differential Equations 简称 ODE 表示出来,然后再编写代码积分这些微分方程式从而获得仿真结果。后来,出现了广域积分器,一种独立的软件单元,这样建模者就能够把更多的精力放在微分方程式的表达和使用非定制积分器进行仿真运算上。从那时起,让建模者能够把更多的精力放在对模型问题的描述上,而不是解决数学问题的方法上,就成为一种不断发展的趋势。

在过去的 30 年中,有许多数值计算工具被开发出来,帮助建模者完成仿真计算。其中一些是通用仿真程序,如 ACSL、EASY5、SystemBuild 和 Simulink,另一些是用在专业的工程领域,如电路 Spice 软件、多刚体 ADAMS 软件或化学过程 ASPEN Plus 软件。每一种仿真软件都有自己的优点。但是这些软件在处理涵盖多物理系统的模型时,总是存在或多或少的问题。

1978 年,Hilding Elmqvist 在其博士论文中,首先提出了一种全新的通过设计和执行 Dymola 模型平台来建立物理系统仿真的方法。它的基本思想是使用通用的公式、对象和连接,允许模型的开发者从物理的角度而不是数学角度来进行建模,并且引入了图形化理论算法和符号算法,在 Dymola 模型平台执行过程中,把模型变为求解器可以接受的形式。在这种方法的发展过程中,重要的里程碑是在 1988 年求解 DAE 方程的 Pantelides 算法中得到了改进。

Modelica 语言的设计思想是创建一种建模语言,它可以从多工程领域来表达模型的特性。换句话说,Modelica 既是一种建模语言也是一种模型交换规则。为了实现这个目的,许多面向对象的建模语言,如 Allan、Dymola、NMF、ObjectMath、Omola、SIDOPS + 、Smile 的开发者和各个工程领域的专家们被聚集在一起根据他们丰富的经验开发出了 Modelica 语言的规则。

1.3.2　Modelica 主要特点

　　Modelica 是一种面向对象的仿真语言,被用来处理大型的、复杂的和包含不同领域的物理问题。它使用方程式来描述物理现象,Modelica 的工具拥有足够的信息可自动计算出所有变量的值。面向对象和非因果联系是 Modelica 的两个重要特点。面向对象指的是模型的架构,非因果联系指的是模型特性的描述。不过,与建模中面向过程的传统概念相比,这两个概念是融合在一起使用的。

　　面向对象建模的特点是面向对象的建模能够把一个系统分成一组相互联系的对象来研究。总的系统被拆分成相对简单、易于研究的对象,而每一个对象都封装了数据、特性和结构。一旦每一个对象被确定了,就需要确定它们相互之间的联系以及整个系统最终的特性。对于这些被拆分开的对象,就可以通过相对容易的方法建立模型和子模型。模型是具体物理现象的数学表示,在面相对象的建模中,模型是被当作对象看待的,而那些拆分开的对象就被描述成类,作为模型的基础。一个模型的表示必须在多层次上支持模块性,也就是说,一个模型可以有多个子模型,而子模型也可以有它自己的子模型。模型也可以用来研究抽象的事物,那就意味着使用它的人不需要理解模型内部是如何工作的。在抽象模型中,可能会提及模型的接口和模型的内部,接口是描述模型内部的变量与外部相互作用的模块,而模型中与外部变量没有作用的部分被称为内部。

　　非因果联系建模的特点是使组件模型能够被重复使用,描述模型的方程式应该以一种中性的形式表达,而不必更多地考虑计算的顺序,这就是所谓的非因果联系建模。市场上许多商业的通用仿真软件都采用了把系统分割成多个过程结构的方法,因此这些模型都被表示成用常微分方程 ODE 描写的子模型间的相互连接,写为

$$\begin{cases} dx/dt = f_1(x,u) \\ y = f_2(x,u) \end{cases} \tag{1.1}$$

式中 u 是输入量,x 是状态变量,y 是输出量。通常模型中的方程式需要经过变形来得到,因而大量的工作被用在了方程式的分析与变形上,这不仅需要丰富的技巧而且很容易出差错。在面向过程的模型中还受到基本原理的限制并且过程的数据流是单向的,只能从输入到输出。所以说,需要人工对方程式进行变形就意味着使用面向过程的语言建立物理仿真模型库是非常复杂的。

　　在 Modelica 中,方程式可以它们自然的形式出现,也就是说,可用代数微分方程(DAE:Differential Algebraic Equation)来表示模型。

$$f(x, dx/dt, y, u) = 0 \tag{1.2}$$

在方程构建完以后,Modelica 可自动实现代数微分方程 DAE 到常微分方程 ODE 的转变。

　　正是由于 Modelica 的这些特点,在建模中,不同物理系统的模块可以像在实际系统中那样连接,这就使得模型易于理解、易于升级和维护。因而被广泛地用于汽车、航空、航天和机器人等复杂系统的仿真建模。

1.3.3　Dymola 仿真平台

Dymola 是 Dynamic Modeling Laboratory 的缩写。它适用于多物理系统的建模仿真。它支持层次化的模型组合和由可重复使用的组件、接口等组成的模型库。Dymola 使用了一种全新的模型编译方法,该方法基于对象和描述对象的物理方程。Dymola 的主要特点有:

①大型、复杂、多领域系统的仿真建模。DAE 方程的自动转变功能有利于快速建立大型复杂系统;标准化的模块接口连接可以实现多领域的模型在同一平台的仿真。

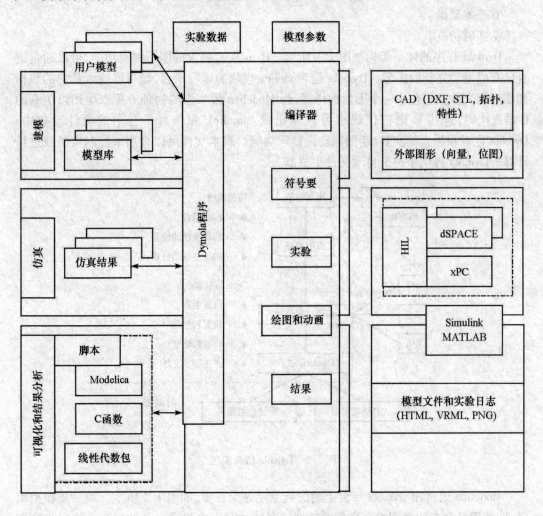

图 1.1　Dymola 软件平台的体系结构

②快速的图形化建模。Dymola 系统具有丰富的图形功能,在 Windows 下具有良好的用户界面,而且提供了丰富的图形界面设计函数。在图形化建模过程,只需把软件库浏览

器内已有组件模块拖入建模平台,模块的同类接口直接用连线连接,用鼠标点击模块后出现对话框以设置模块参数即可。

③快速仿真——符号化前处理(Symbolic Pre-processing)。具有统一建模语言(UML: United Modeling Language)的特点,它给出一套建模的元素及表示符号并定义了它们的语义。

④开放式用户界面。用户可以通过扩充等方式对已有组件进行修改,甚至构造新的模块,以提高了模块的重复使用性。

⑤开放式程序接口。具有 Dymola-Simulink 接口,可直接实现 Dymola 模块与 Simulink 的连接;同时,Dymola 还可以与 C 或 Fortran 实现无缝联结。

⑥三维动画。

⑦实时仿真。

Dymola 程序的体系架构如图 1.1 所示。Dymola 有强大的图形编辑功能,可以通过组合已有模型建立新的模型。Dymola 是 Modelica 模块的运行平台,也可以输入其它的数据和图形化文件。它包含一个图形编译器,为 Modelica 模块中的物理方程产生用以仿真的 C 语言代码,这些 C 语言代码也可以输出到 Simulink 和仿真平台中的硬件设备中。Dymola 也有很强大的实验、绘图和动画显示功能。脚本文件可以被用来控制实验或进行计算。Dymola 提供了一个自动文件生成器。

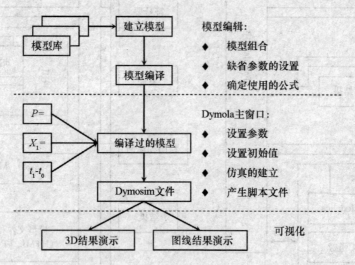

图 1.2　Dymola 仿真流程

Modelica 语言在 Dymola 平台上的仿真主要分为三步,如图 1.2 所示。第一步模型编辑,即使用已存在的模型组合成新的模型或者通过写入方程建立新的模型。第二步利用已有的模型搭建需要验证的系统,并在 Dymola 主窗口中进行仿真。第三步为仿真结果的可视化演示,分为 3D 演示或图线演示。

Modelica 自带了一个标准库,包括些简单的模型子库,有 Blocks, Constants, Electrical, Icons, Math, Mechanics, SIunits, Thermal,这些子库又有各自的子库。其中

SIunits 子库根据 ISO31 – 1992 标准定义了国际单位制的基本度量单位；Math 子库是一个函数库，主要提供了常用的三角函数模型；Electrical 子库包含了基本的电气元件。这些子库的内容不是非常的完整，往往只是一些基础模型，为进一步的升级提供了基础。

　　Dymola 编译器用来编译和管理 Modelica 库。虽然现在也有一些其它软件可以使用，但是至今 Dymola 编译器是最完善的。它的图形编译功能、文本生成功能、绘图线和动画显示功能都很好地支持了 Modelica 模型库，使得 Modelica 库有着良好的编译运行平台。

第二章 空间推进系统工作过程数学模型

2.1 空间推进系统系统组成及分解

空间推进系统由 17 台推力器组成,其中大推力器一台(编号为 0 号),中推力器 8 台(编号为 1~4 号和 9~12 号),小推力器共 8 台(编号为 5~8 和 13~16 号)。17 台推力器共用一个推进剂供应系统。系统中包括气瓶、电爆阀、减压阀、贮箱、液体管道、过滤器、孔板、电磁阀、充填管道和推力室等组件,如图 2.1 所示。

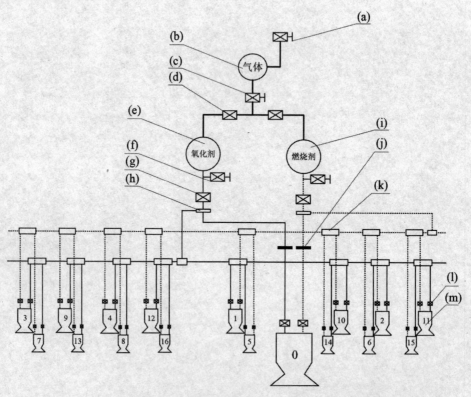

(a)充气阀,(b)气瓶,(c)减压阀,(d)止回阀,(e)氧化剂贮箱,(f)推进剂的加注泄出阀,
(g)电爆阀,(h)过滤器,(i)燃烧剂贮箱,(j)孔板,(k)四通,(l)电磁阀,
(m)推力室——氧化剂管道,······燃烧剂管道,0~16 为推力器序号

图 2.1 空间推进系统示意图

对空间推进系统进行合理的模块化分解是模块化建模的第一步,也是关键的一步。模块划分的形式决定了仿真模块的拼装方式,模块划分的结果应保证推进系统的模块化分解和模块连接容易进行,同时可使任意一个模块的删除和插入不给其余模块的组合过程带来影响。

模块分解的基本原则是:(1)模块能独立地完成物理功能,具有数学上的独立性;(2)模块内部与外部边界的数据通讯有明确一致的边界和接口;(3)模块的分解按组件进行,模块的边界为实际的物理边界。

根据以上模块分解的基本原则,把空间推进系统(如图2.1所示)划分为12个组件模块:(1)气瓶模块;(2)电爆阀模块;(3)减压阀模块;(4)贮箱模块;(5)液体管道模块;(6)液体管道1模块;(7)孔板模块;(8)过滤器模块;(9)电磁阀(有控制气体)模块;(10)电磁阀(无控制气体)模块;(11)充填管道模块;(12)推力室模块。

2.2　气体容腔的基本方程

在空间推进系统中,由于许多组件(包括高压气瓶、减压阀的控制腔、贮箱挤压气体容腔、气体管道等)都具有近似的工作过程,因此首先抽象出一个带活塞的气体容腔物理模型,假设它有多个入口和多个出口,并且在外部弹簧力作用下容腔体积可变,如图2.2所示。

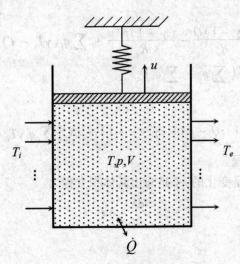

图2.2　气体容腔示意图

在构造气体容腔数学模型之前作如下假设:

(1)容腔中气体成分不变,并且均匀分布;

(2)气体比热比为定值;

(3)气体状态方程为 $pV = mzR_gT$,其中 p 是压强,V 是体积,m 是气体质量,z 是压缩因子,R_g 是气体常数,T 是气体温度。

忽略气体动能和势能的变化，气体容腔的能量方程可表示为

$$\frac{\mathrm{d}(mc_vT)}{\mathrm{d}t} = \dot{Q} - \dot{W} + \sum_i q_i c_p T_i - \sum_e q_e c_p T_e \qquad (2.1)$$

式中 $\dot{Q}$ 是容腔与环境之间的热量交换率；$\dot{W} = pAu$ 是容腔与环境之间的功量交换率，A 是活塞面积；$c_v = R_g/(\gamma - 1)$ 是气体定容比热，γ 是比热比；$c_p = R_g\gamma/(\gamma - 1)$ 是气体定压比热；q_i 和 q_e 分别是气体容腔入口和出口的质量流量；T_i 和 T_e 分别是入口气流和出口气流的温度。式(2.1)可进一步变换为

$$\frac{\mathrm{d}(mT)}{\mathrm{d}t} = m\frac{\mathrm{d}T}{\mathrm{d}t} + T\frac{\mathrm{d}m}{\mathrm{d}t} = \frac{(\gamma-1)\dot{Q}}{R_g} - \frac{(\gamma-1)pAu}{R_g} + \sum_i q_i \gamma T_i - \sum_e q_e \gamma T_e \quad (2.2)$$

加之容腔质量方程为

$$\frac{\mathrm{d}m}{\mathrm{d}t} = \sum_i q_i - \sum_e q_e \qquad (2.3)$$

式(2.2)和式(2.3)联立求解得

$$m\frac{\mathrm{d}T}{\mathrm{d}t} = \frac{(\gamma-1)\dot{Q}}{R_g} - \frac{(\gamma-1)pAu}{R_g} + \sum_i q_i(\gamma T_i - T) - \sum_e q_e(\gamma T_e - T) \qquad (2.4)$$

这是气体容腔的温度方程。

对气体状态方程 $pV = mzR_gT$ 两边微分，可得

$$V\frac{\mathrm{d}p}{\mathrm{d}t} + p\frac{\mathrm{d}V}{\mathrm{d}t} = mzR_g\frac{\mathrm{d}T}{\mathrm{d}t} + zR_gT\frac{\mathrm{d}m}{\mathrm{d}t}$$

温度方程代入上式可得

$$V\frac{\mathrm{d}p}{\mathrm{d}t} + puA = zR_g\Big[\frac{(\gamma-1)\dot{Q}}{R_g} - \frac{(\gamma-1)pAu}{R_g} + \sum_i q_i(\gamma T_i - T) - \sum_e q_e(\gamma T_e - T)\Big]$$
$$+ zR_gT\big(\sum_i q_i - \sum_e q_e\big)$$

进一步整理为

$$V\frac{\mathrm{d}p}{\mathrm{d}t} = (\gamma-1)z\dot{Q} - pAu(z\gamma - z + 1) + zR_g\big[\sum_i q_i\gamma T_i - \sum_e q_e\gamma T_e\big] \qquad (2.5)$$

这是气体容腔的压强方程。

由于气体容腔体积是变化的，于是写出其体积方程为

$$\frac{\mathrm{d}V}{\mathrm{d}t} = Au \qquad (2.6)$$

式中 u 是活塞移动速度。

2.3 液体管道的基本方程

由于液体推进剂在管道中流动具有惯性、粘性和压缩性，因此当采用集中参数方法来描述这些物理特性时，必须满足空间长度与波长相比几何尺寸很小的条件限制，例如管道长度 $L \leqslant \lambda/n = a_l/(f_{\max} \cdot n)$，$a_l$ 为声速，$f_{\max} = \omega_{\max}/2\pi$ 为最大振频，n 为裕度系数，$n \geqslant 6 \sim$

20。对于氧化剂管道 $a_{lo} \approx 957.82\text{m/s}$，燃烧剂管道 $a_{lf} \approx 1529\text{m/s}$，若要提取管道 $f_{max} = 100\text{Hz}$（水击特性处于 50Hz 以下）的信息，取 $n = 20$，则氧化剂管道分段长度不能超过 0.48m，燃烧剂管道分段长度不能超过 0.76m。

（1）惯性

假定液体管道分段内充满了无粘性不可压缩的液体，在计算非稳态运动时，只考虑液柱的惯性。由动量方程可得

$$A(p_1 - p'_2) = m\frac{\mathrm{d}u}{\mathrm{d}t} = \rho lA\frac{\mathrm{d}u}{\mathrm{d}t} = l\frac{\mathrm{d}q}{\mathrm{d}t} \tag{2.7}$$

即

$$\frac{l}{A}\frac{\mathrm{d}q}{\mathrm{d}t} = p_1 - p'_2 = \Delta p_1 \tag{2.8}$$

式中 p_1，p'_2 分别是管道分段入口、出口压强，m 是分段内液柱质量，A 是分段截面积，l 是分段长度，u 是分段内流体平均流速，q 是分段内液体质量流量，Δp_1 是分段压降，ρ 是液体密度。

（2）粘性

在发动机管道中，液体的粘性表现为沿程阻力和局部阻力两种形式，用公式表示为

$$\begin{aligned}\Delta p_2 &= \left(\lambda\frac{l}{d} + \zeta\right)\frac{1}{2}\rho u^2 \\ &= \left(\lambda\frac{l}{d} + \zeta\right)\frac{1}{2}\rho\frac{q^2}{\rho^2 A^2} \\ &= \left(\lambda\frac{l}{d} + \zeta\right)\frac{1}{2A^2}\frac{q^2}{\rho}\end{aligned} \tag{2.9}$$

式中 λ 是沿程阻力系数，它满足卡门 – 普朗特方程：$1/\sqrt{\lambda} = 2\lg(Re\sqrt{\lambda}) - 0.8$；$\zeta$ 是局部阻力系数。若令

$$\xi = \left(\lambda\frac{l}{d} + \zeta\right)\frac{1}{2A^2} \tag{2.10}$$

则粘性阻力可表示为

$$p'_2 - p_2 = \Delta p_2 = \xi\frac{q^2}{\rho} \tag{2.11}$$

式中 ξ 是流阻系数，p_2 是管道分段出口压强。

若同时考虑管道的惯性和粘性，根据压强叠加原理有

$$p_1 - p_2 = (p_1 - p'_2) + (p'_2 - p_2) = \Delta p_1 + \Delta p_2 \tag{2.12}$$

$$\frac{l}{A}\frac{\mathrm{d}q}{\mathrm{d}t} = p_1 - p_2 - \xi\frac{q^2}{\rho} \tag{2.13}$$

若再加上重力场的影响，式（2.13）变为

$$\frac{l}{A}\frac{\mathrm{d}q}{\mathrm{d}t} = p_1 - p_2 - \xi\frac{q^2}{\rho} + h\rho g \tag{2.14}$$

式中 h 是管道分段的高度，向下流为正，向上流为负；g 是重力加速度，其海平面值为 9.80665m/s。

惯性流阻 R 定义为 l/A,加之考虑流动的方向性,于是式(2.14)写成标准形式:

$$R \frac{\mathrm{d}q}{\mathrm{d}t} = p_1 - p_2 - \xi \frac{q|q|}{\rho} + h\rho g \tag{2.15}$$

这是液体管道的流量方程。

（3）压缩性

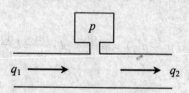

图2.3 液柱的压缩性

忽略液柱惯性和壁面摩擦损失,此时液体管道分段的动态特性主要取决于液体的压缩性。压缩性的影响表现在当压强变化时分段内液体的质量也在变化,这就意味着入口和出口的流量瞬时值是不同的。根据非稳态流动时的质量平衡方程有

$$\frac{\mathrm{d}m}{\mathrm{d}t} = q_1 - q_2 \tag{2.16}$$

式中 m 是分段内液体质量,q_1,q_2 分别是分段入口、出口处的质量流量。

液体质量由流路分段的体积 V 和液体密度 ρ 决定。

$$m = \rho V \tag{2.17}$$

于是

$$\frac{\mathrm{d}m}{\mathrm{d}t} = V \frac{d\rho}{dt}, V = \mathrm{const} \tag{2.18}$$

加之

$$\frac{\mathrm{d}p}{\mathrm{d}\rho} = \frac{K}{\rho} = a_l^2 \tag{2.19}$$

式中 K 为液体的体积弹性模量,a_l 是液体中声速。由式(2.16)、式(2.18)和式(2.19)可以导出

$$\frac{V\rho}{K} \frac{\mathrm{d}p}{\mathrm{d}t} = q_1 - q_2 \tag{2.20}$$

令 $\chi = \dfrac{V\rho}{K} = \dfrac{V}{a_l^2}$,则式(2.20)表示为

$$\chi \frac{\mathrm{d}p}{\mathrm{d}t} = q_1 - q_2 \tag{2.21}$$

这是液体管道的压强方程。

2.4　气瓶模块

在挤压式推进剂供应系统中,高压气瓶是一种贮存压缩气体的容腔,其功能是向氧化剂贮箱和燃烧剂贮箱提供压强[38],如图2.4所示。

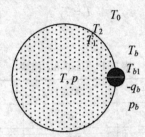

图 2.4　气瓶模块(GasBottle)示意图

(1)数学模型

气瓶模块的方程组可写为:

$$m\frac{\mathrm{d}T}{\mathrm{d}t} = \frac{(\gamma-1)\dot{Q}}{R_g} - (-q_b)(\gamma T_e - T) \tag{2.22}$$

$$m = pV/(zR_gT) \tag{2.23}$$

$$T_e = \begin{cases} T_b, & -q_b \geqslant 0 \\ T_{b1}, & -q_b < 0 \end{cases} \tag{2.24}$$

$$V\frac{\mathrm{d}p}{\mathrm{d}t} = (\gamma-1)z\dot{Q} - zR_g(-q_b)\gamma T_e \tag{2.25}$$

$$\dot{Q} = \frac{T_2 - T_1}{b/\lambda_c}\pi d^2 \tag{2.26}$$

$$\varepsilon_1\sigma_0(T_1^4 - T^4) = \frac{T_2 - T_1}{b/\lambda_c} = \varepsilon_2\sigma_0(T_0^4 - T_2^4) \tag{2.27}$$

式中 T 是气瓶中气体温度, T_e 是气瓶出口气流温度, T_1 是气瓶内壁温度, T_2 是气瓶外壁温度, T_0 是环境温度, T_b 是气瓶模块出口接口的下传温度, T_{b1} 是气瓶模块出口接口的上传温度; $\dot{Q}$ 是气瓶与环境之间的热量交换率; $-q_b$ 是接口质量流量, "－"表示其值是从其它模块传过来的; γ 是比热比, R_g 是气体常数, z 是压缩因子; V 是气瓶体积, b 是气瓶壁厚; p 是气瓶气体压强; σ_0 是 Stefan-Boltsmann 常数,其值为 $5.67 \times 10^{-8}\mathrm{W}/(\mathrm{m}^2 \cdot \mathrm{K}^4)$; ε_1 是气瓶内壁面黑度, ε_2 是气瓶外壁面黑度, λ_c 为气瓶壁的导热系数。

(2)接口类型及接口方程

气瓶模块只有一个出口接口 port4b,由 Modelica 语言定义为:

```
connector port4b
    Real p_b( unit = "MPa")"压强";
    Real T_b( unit = "K")"下传温度";
```

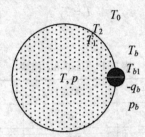

Real T_{b1}(unit = "K")"上传温度";

flow Real q_b(unit = "kg/s")"质量流量";

end port4b;

接口方程定义为模块内部变量与其接口变量之间或这些接口变量相互之间的连接方程。对于气瓶模块,它有两个接口方程,分别为

$$p = p_b \tag{2.28}$$

$$T = T_b \tag{2.29}$$

(3)模块名称及参数说明

表 2.1 GasBottle 模块

序号	参数符号	单位	说 明
1	V	m^3	气瓶体积
2	p_{ra}	MPa	气瓶压强最大值
3	p_{in}	MPa	气瓶压强初始值
4	T_{ra}	K	气瓶温度额定值
5	T_{in}	K	气瓶温度初始值

2.5 电爆阀模块

电爆阀是利用电爆管爆燃产生的高压燃气来作动的一种阀门,它是利用潜在的化学能突然转变为机械能而实现作动的[38]。由于电爆阀密封性好、尺寸小、质量轻、响应速度快以及自身带有只要很小脉冲电源就能动作的高压电源,因而它非常适合于一次性工作的组件上使用,比如气体管道和液体管道的打开或关闭等。

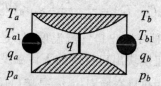

图 2.5 电爆阀模块(ElectricalExplosiveValve)示意图

(1)数学模型

电爆阀模块的方程组可表示为:

$$A(t) = \begin{cases} 0, & 0 \leq t < t_s \\ \{1 - \exp[-k_f(t - t_s)]\} \cdot \dfrac{\pi}{4}d_t^2, & t \geq t_s \end{cases} \tag{2.30}$$

$$q = \begin{cases} \begin{cases} \dfrac{\mu A(t) p_a}{\sqrt{R_g T_a}} \sqrt{\dfrac{2\gamma}{\gamma-1} \left[\left(\dfrac{p_b}{p_a}\right)^{2/\gamma} - \left(\dfrac{p_b}{p_a}\right)^{(\gamma+1)/\gamma} \right]}, & \dfrac{p_b}{p_a} > \left(\dfrac{2}{\gamma+1}\right)^{\gamma/(\gamma-1)} \\[4ex] \dfrac{\mu A(t) p_a}{\sqrt{R_g T_a}} \sqrt{\gamma \left(\dfrac{2}{\gamma+1}\right)^{(\gamma+1)/(\gamma-1)}}, & \dfrac{p_b}{p_a} \leqslant \left(\dfrac{2}{\gamma+1}\right)^{\gamma/(\gamma-1)} \end{cases}, & p_a \geqslant p_b \\[8ex] \begin{cases} -\dfrac{\mu A(t) p_b}{\sqrt{R_g T_b}} \sqrt{\dfrac{2\gamma}{\gamma-1} \left[\left(\dfrac{p_a}{p_b}\right)^{2/\gamma} - \left(\dfrac{p_a}{p_b}\right)^{(\gamma+1)/\gamma} \right]}, & \dfrac{p_a}{p_b} > \left(\dfrac{2}{\gamma+1}\right)^{\gamma/(\gamma-1)} \\[4ex] -\dfrac{\mu A(t) p_b}{\sqrt{R_g T_b}} \sqrt{\gamma \left(\dfrac{2}{\gamma+1}\right)^{(\gamma+1)/(\gamma-1)}}, & \dfrac{p_a}{p_b} \leqslant \left(\dfrac{2}{\gamma+1}\right)^{\gamma/(\gamma-1)} \end{cases}, & p_a < p_b \end{cases}$$

$$(2.31)$$

式中 T_a 是电爆阀入口接口的下传温度，T_{a1} 是电爆阀入口接口的上传温度，q_a 是电爆阀入口接口的质量流量，p_a 是电爆阀入口接口的气体压强；T_b 是电爆阀出口接口的下传温度，T_{b1} 是电爆阀出口接口的上传温度，q_b 是电爆阀出口接口的质量流量，p_b 是电爆阀出口接口的气体压强；q 是电爆阀的质量流量；d_t 是电爆阀完全打开后的最小内径；$A(t)$ 是节流面积，t_s 是电爆阀通电时间，k_f 是分数指数。

(2)接口类型及接口方程

电爆阀模块有一个入口接口 port4a 和一个出口接口 port4b，其中入口接口 port4a 由 Modelica 语言定义为：

connector port4a

    Real p_a(unit = "MPa")"压强";

    Real T_a(unit = "K")"下传温度";

    Real T_{a1}(unit = "K")"上传温度";

    flow Real q_a(unit = "kg/s")"质量流量";

end port4a;

对于电爆阀模块，它有四个接口方程，分别为

$$q_a = q \tag{2.32}$$
$$q = q_b \tag{2.33}$$
$$T_a = T_b \tag{2.34}$$
$$T_{a1} = T_{b1} \tag{2.35}$$

(3)模块名称及参数说明

表2.2 ElectricalExplosiveValve 模块

序号	参数符号	单位	说　明
1	t_s	s	电爆阀通电时间
2	k_f		分数指数
3	d_t	m	最小内径
4	μ		流量系数

2.6　减压阀模块

减压阀是一种气体压强闭环调节装置,它能将上游的高压气体减压至下游器件所需的工作压强,当上游压强发生变化或下游负载流量发生变化时,它仍能维持出口压强在容许的偏差范围内,从而保证发动机系统具有一定的稳定性[39]。

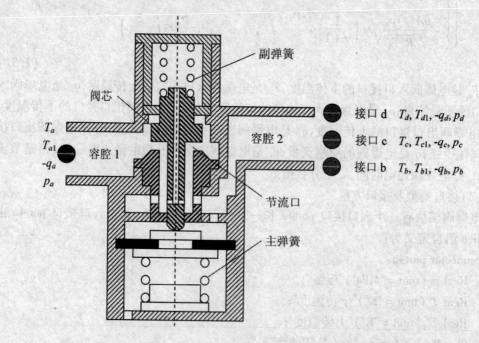

图2.6　逆向卸荷式减压阀模块(PressureReducingValve)示意图

（1）数学模型

减压阀工作过程非常复杂,为了构造其动态数学模型,不妨作如此假设:①忽略膜片刚度;②工质处于超临界状态;③工质状态方程为 $pV = mzR_gT$;④气体流动过程为等熵过程;⑤两个容腔内气体压强、密度及温度均匀分布,不计参数波动特性。

减压阀包括容腔1、容腔2、节流口和阀芯等,如图2.6所示。下面分别写出其数学模型。

① 容腔1的基本方程

$$m_1 \frac{dT_1}{dt} = (-q_a)(\gamma T_{1i} - T_1) - q(\gamma T_{1e} - T_1) \tag{2.36}$$

$$m_1 = p_1 V_1 / (zR_g T_1) \tag{2.37}$$

$$T_{1i} = \begin{cases} T_a, & -q_a \geq 0 \\ T_{a1}, & -q_a < 0 \end{cases}, \quad T_{1e} = \begin{cases} T_1, & q \geq 0 \\ T_2, & q < 0 \end{cases} \tag{2.38}$$

$$V_1 \frac{dp_1}{dt} = zR_g(-q_a)\gamma T_{1i} - zR_g q\gamma T_{1e} \tag{2.39}$$

式中 T_a 是容腔 1 入口接口的下传温度,T_{a1} 是容腔 1 入口接口的上传温度,$-q_a$ 是容腔 1 入口接口的质量流量,p_a 是容腔 1 入口接口的气体压强;T_1 是容腔 1 的气体温度,p_1 是容腔 1 的气体压强,V_1 是容腔 1 的体积,m_1 是容腔 1 的气体质量;T_{1i} 是容腔 1 入口的气体温度,T_{1e} 是容腔 1 出口的气体温度;T_2 是容腔 2 的气体温度;q 是通过节流口的质量流量。

　　② 容腔 2 的基本方程

$$m_2 \frac{dT_2}{dt} = q(\gamma T_{2i} - T_2) - (-q_b)(\gamma T_{2e1} - T_2) - (-q_c)(\gamma T_{2e2} - T_2)$$

$$- (-q_d)(\gamma T_{2e3} - T_2) + \frac{\gamma - 1}{R_g} p_2 u A_2 \tag{2.40}$$

$$m_2 = p_2 V_2 / (z R_g T_2) \tag{2.41}$$

$$A_2 = \frac{\pi}{12}(d_1^2 + d_1 d_2 + d_2^2) \tag{2.42}$$

$$T_{2i} = \begin{cases} T_1, & q \geqslant 0 \\ T_2, & q < 0 \end{cases}, T_{2e1} = \begin{cases} T_b, & -q_b \geqslant 0 \\ T_{b1}, & -q_b < 0 \end{cases}, T_{2e2} = \begin{cases} T_c, & -q_c \geqslant 0 \\ T_{c1}, & -q_c < 0 \end{cases}, T_{2e3} = \begin{cases} T_d, & -q_d \geqslant 0 \\ T_{d1}, & -q_d < 0 \end{cases}$$

$$\tag{2.43}$$

$$V_2 \frac{dp_2}{dt} = z R_g q \gamma T_{2i} - z R_g (-q_b) \gamma T_{2e1} - z R_g (-q_c) \gamma T_{2e2}$$

$$- z R_g (-q_d) \gamma T_{2e3} + p_2 u A_2 (z\gamma - z + 1) \tag{2.44}$$

$$\frac{dV_2}{dt} = -u A_2 \tag{2.45}$$

式中 T_b 是容腔 2 出口接口 b 的下传温度,T_{b1} 是容腔 2 出口接口 b 的上传温度,$-q_b$ 是容腔 2 出口接口 b 的质量流量,p_b 是容腔 2 出口接口 b 的气体压强;T_c 是容腔 2 出口接口 c 的下传温度,T_{c1} 是容腔 2 出口接口 c 的上传温度,$-q_c$ 是容腔 2 出口接口 c 的质量流量,p_c 是容腔 2 出口接口 c 的气体压强;T_d 是容腔 2 出口接口 d 的下传温度,T_{d1} 是容腔 2 出口接口 d 的上传温度,$-q_d$ 是容腔 2 出口接口 d 的质量流量,p_d 是容腔 2 出口接口 d 的气体压强;T_2 是容腔 2 的气体温度,p_2 是容腔 2 的气体压强,V_2 是容腔 2 的体积,m_2 是容腔 2 的气体质量;T_{2i} 是容腔 2 入口的气体温度,T_{2e1} 是容腔 2 出口 b 的气体温度,T_{2e2} 是容腔 2 出口 c 的气体温度,T_{2e3} 是容腔 2 出口 d 的气体温度;u 是阀芯移动速度;A_2 是橡胶膜片有效面积,d_1 是橡胶膜片安装支座直径,d_2 是橡胶膜片硬芯直径。

　　③ 阀芯的基本方程

$$m_t \frac{du}{dt} = F_p - F_c - F_f \tag{2.46}$$

$$F_p = (p_0 - p_2) A_2 + (p_2 - p_1)(A_1 - A_m) \tag{2.47}$$

$$F_c = c_1 [x_{10} + (x - x_0)] - c_2 [x_{20} - (x - x_0)] \tag{2.48}$$

$$F_f = F_{fs} \text{sign}(u) + fu \tag{2.49}$$

$$A_1 = \frac{\pi}{4}(d_0 + b)^2, \quad A_m = \frac{\pi}{4} d_m^2 \tag{2.50}$$

$$\frac{dx}{dt} = u \tag{2.51}$$

初始条件

$$x\big|_{t=0}=x_0,\ u\big|_{t=0}=0$$

式中 m_t 是减压器运动件质量；F_p 是作用于阀芯上的气动力，F_c 是作用于阀芯上的弹簧力，F_f 是作用于阀芯上的摩擦力；c_1 是副弹簧刚度，c_2 是主弹簧刚度；x_0 是节流口初始开度，x_{10} 是副弹簧预压缩量，x_{20} 是主弹簧预压缩量；F_{fs} 是静摩擦力，f 是摩擦系数；A_1 是阀芯作用面积，d_0 是阀座内径，b 是阀座密封面宽度；A_m 是卸荷作用面积，d_m 是卸荷直径。

④ 节流口的基本方程

$$A_t = \pi(d_0+b)x \tag{2.52}$$

$$q = \begin{cases} \dfrac{\mu A_t p_1}{\sqrt{R_g T_1}}\sqrt{\dfrac{2\gamma}{\gamma-1}\Big[\Big(\dfrac{p_2}{p_1}\Big)^{2/\gamma}-\Big(\dfrac{p_2}{p_1}\Big)^{(\gamma+1)/\gamma}\Big]}, & \dfrac{p_2}{p_1}>\Big(\dfrac{2}{\gamma+1}\Big)^{\gamma/(\gamma-1)} \\[4mm] \dfrac{\mu A_t p_1}{\sqrt{R_g T_1}}\sqrt{\gamma\Big(\dfrac{2}{\gamma+1}\Big)^{(\gamma+1)/(\gamma-1)}}, & \dfrac{p_2}{p_1}\leqslant\Big(\dfrac{2}{\gamma+1}\Big)^{\gamma/(\gamma-1)} \end{cases},\quad p_1\geqslant p_2$$

$$\begin{cases} -\dfrac{\mu A_t p_2}{\sqrt{R_g T_2}}\sqrt{\dfrac{2\gamma}{\gamma-1}\Big[\Big(\dfrac{p_1}{p_2}\Big)^{2/\gamma}-\Big(\dfrac{p_1}{p_2}\Big)^{(\gamma+1)/\gamma}\Big]}, & \dfrac{p_1}{p_2}>\Big(\dfrac{2}{\gamma+1}\Big)^{\gamma/(\gamma-1)} \\[4mm] -\dfrac{\mu A_t p_2}{\sqrt{R_g T_2}}\sqrt{\gamma\Big(\dfrac{2}{\gamma+1}\Big)^{(\gamma+1)/(\gamma-1)}}, & \dfrac{p_1}{p_2}\leqslant\Big(\dfrac{2}{\gamma+1}\Big)^{\gamma/(\gamma-1)} \end{cases},\quad p_1<p_2$$

$$\tag{2.53}$$

式中 A_t 是节流口的节流面积。

（2）接口类型及接口方程

减压阀模块有一个入口接口 port4a 和三个出口接口 port4b，其中出口接口 port4b b 连接氧化剂贮箱入口，出口接口 port4b c 连接燃烧剂贮箱入口，出口接口 port4b d 连接电磁阀 NF58 – 0A 气源入口。

减压阀模块的八个接口方程分别为

$$p_a = p_1 \tag{2.54}$$
$$p_2 = p_b \tag{2.55}$$
$$p_2 = p_c \tag{2.56}$$
$$p_2 = p_d \tag{2.57}$$
$$T_{a1} = T_1 \tag{2.58}$$
$$T_2 = T_b \tag{2.59}$$
$$T_2 = T_c \tag{2.60}$$
$$T_2 = T_d \tag{2.61}$$

（3）模块名称及参数说明

表 2.3 PressureReducingValve 模块

序号	参数符号	单位	说 明
1	V_1	m^3	容腔 1 体积
2	m_t	kg	减压阀运动件质量
3	h_{min}	m	阀门最小开度
4	h_{max}	m	阀门最大开度
5	x_0	m	阀门初始开度
6	x_{10}	m	副弹簧预压缩量
7	x_{20}	m	主弹簧预压缩量
8	d_0	m	阀座内径
9	b	m	阀座密封面宽度
10	d_1	m	橡胶膜片安装支座直径
11	d_2	m	橡胶膜片硬芯直径
12	d_m	m	卸荷直径
13	c_1	N/m	副弹簧刚度
14	c_2	N/m	主弹簧刚度
15	F_{fs}	N	静摩擦力
16	f	N·s/m	摩擦系数
17	T_{ra}	K	容腔气体温度额定值
18	T_{in}	K	容腔气体温度初始值
19	p_{ra}	MPa	容腔气体压强额定值
20	p_{in}	MPa	容腔气体压强初始值
21	V_{2in}	m^3	容腔 2 体积初始值
22	u_{ra}	m/s	阀芯移动速度额定值
23	u_{in}	m/s	阀芯移动速度初始值

2.7 贮箱模块

如图 2.7 所示,贮箱一般包括增压气体容腔和液体推进剂容腔两部分,中间用正排装置将增压气体与液体推进剂隔开,以保证贮箱能定向连续地供应液体推进剂。

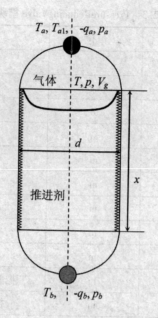

图 2.7　贮箱模块(Tank)示意图

(1)数学模型

　　① 增压气体容腔的基本方程

$$m\frac{\mathrm{d}T}{\mathrm{d}t} = (-q_a)(\gamma T_i - T) - \frac{\gamma - 1}{R_g}p(-q_b)/\rho \tag{2.62}$$

$$m = pV_g/(zR_gT) \tag{2.63}$$

$$T_i = \begin{cases} T_a, & -q_a \geq 0 \\ T_{a1}, & -q_a < 0 \end{cases} \tag{2.64}$$

$$V_g\frac{\mathrm{d}p}{\mathrm{d}t} = zR_g(-q_a)\gamma T_i - p\frac{-q_b}{\rho}(z\gamma - z + 1) \tag{2.65}$$

$$\frac{\mathrm{d}V_g}{\mathrm{d}t} = \frac{-q_b}{\rho} \tag{2.66}$$

式中 T_a 是气体容腔入口接口的下传温度,T_{a1} 是气体容腔入口接口的上传温度,$-q_a$ 是气体容腔入口接口的质量流量,p_a 是气体容腔入口接口的气体压强;T_b 是推进剂容腔出口接口的温度,$-q_b$ 是推进剂容腔出口接口的质量流量,p_b 是推进剂容腔出口接口的气体压强;T 是气体容腔的气体温度,p 是气体容腔的气体压强,V_g 是气体容腔的体积,m 是气体容腔的气体质量;T_i 是气体容腔入口的气体温度;ρ 是推进剂密度。

　　② 推进剂容腔的基本方程

$$\frac{\mathrm{d}x}{\mathrm{d}t} = -\frac{4(-q_b)}{\rho\pi d^2} \tag{2.67}$$

式中 x 是液柱高度;d 是圆柱内径。

　　(2)接口类型及接口方程

　　贮箱模块有一个入口接口 port4a 和一个出口接口 port1b,其中出口接口 port1b 由

Modelica 语言定义为：

```
connector port1b
    Real p_b( unit = "MPa") "压强";
    Real T_b( unit = "K") "温度";
    flow Real q_b( unit = "kg/s") "质量流量";
end port1b;
```

贮箱模块的四个接口方程分别为

$$p_a = p \tag{2.68}$$

$$p + x\rho g = p_b \tag{2.69}$$

$$T_{a1} = T \tag{2.70}$$

$$T_{in} = T_b \tag{2.71}$$

(3)模块名称及参数说明

表 2.4　Tank 模块

序号	参数符号	单位	说　明
1	$kind$		推进剂种类:0 – 氧化剂,1 – 燃烧剂
2	d	m	贮箱圆柱段内径
3	p_{ra}	MPa	气体容腔压强额定值
4	p_{in}	MPa	气体容腔压强初始值
5	T_{ra}	K	气体容腔温度额定值
6	T_{in}	K	气体容腔温度初始值
7	V_{gin}	m^3	气体容腔体积初始值
8	x_{ra}	m	液柱高度最大值
9	x_{in}	m	液柱高度初始值

2.8　液体管道模块

(1)数学模型

如图 2.8 所示,若把一根液体管道分为 N 段,这会形成 $2N$ 个独立变量,它们是 N 个压强 p_i 和 N 个流量 q_i,其微分方程表示为：

$$R_1 \frac{\mathrm{d}q_1}{\mathrm{d}t} = p_a - p_1 - (\xi_a + \xi_1)\frac{q_1|q_1|}{\rho} + h_1\rho g \tag{2.72}$$

$$R_i \frac{\mathrm{d}q_i}{\mathrm{d}t} = p_{i-1} - p_i - \xi_i \frac{q_i|q_i|}{\rho} + h_i\rho g, \quad i = 2,\dots,N \tag{2.73}$$

$$\chi_i \frac{\mathrm{d}p_i}{\mathrm{d}t} = q_i - q_{i+1}, \quad i = 1,\dots,N-1 \tag{2.74}$$

$$\chi_N \frac{\mathrm{d}p_N}{\mathrm{d}t} = q_N - (-q_b) \tag{2.75}$$

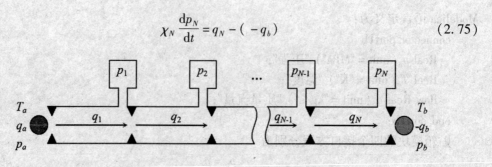

图2.8   液体管道模块($Line$)示意图

式中 $R_i = l/(NA)(i=1,\ldots,N)$ 是液体管道分段的惯性流阻,l 是液体管道长度,$A = \pi d^2/4$ 是液体管道横截面积,d 是液体管道内径;$h_i = h/N(i=1,\ldots,N)$ 是液体管道分段的高度,h 是液体管道的高度;$\chi_i = V\rho/(NK)$ 是液体管道分段的流容,$V = \pi l d^2/4$ 是液体管道的体积,ρ 是推进剂密度,K 是推进剂的体积弹性模量;$\xi_a = \zeta_a/(2A^2)$ 是管道入口的流阻系数,ζ_a 是管道入口的局部阻力系数;$\xi_i = \lambda \dfrac{l}{Nd}\dfrac{1}{2A^2}(i=1,\ldots,N)$ 是管道分段的流阻系数,λ 是管道分段的沿程阻力系数;T_a 是液体管道入口接口的温度,q_a 是液体管道入口接口的质量流量,p_a 是液体管道入口接口的压强;T_b 是液体管道出口接口的温度,q_b 是液体管道出口接口的质量流量,p_b 是液体管道出口接口的压强。

（2）接口类型及接口方程

液体管道模块有一个入口接口 port1a 和一个出口接口 port1b,其中入口接口 port1a 由 Modelica 语言定义为:

```
connector port1a
    Real p_a(unit = "MPa") "压强";
    Real T_a(unit = "K") "温度";
    flow Real q_a(unit = "kg/s") "质量流量";
end port1a;
```

液体管道模块的四个接口方程分别为

$$p_N - p_b = \xi_b \frac{-q_b|-q_b|}{\rho} \tag{2.76}$$

$$T_a = T \tag{2.77}$$

$$T = T_b \tag{2.78}$$

$$q_a = q_1 \tag{2.79}$$

式中 $\xi_b = \zeta_b/(2A^2)$ 是管道出口的流阻系数,ζ_b 是管道出口的局部阻力系数;T 是液体管道中推进剂温度。

（3）模块名称及参数说明

表 2.5 Line 模块

序号	参数符号	单位	说 明
1	$kind$		推进剂种类:0 - 氧化剂,1 - 燃烧剂
2	l	m	液体管道长度
3	d	m	液体管道内径
4	h	m	液体管道高度
5	b	m	液体管道壁厚
6	N		液体管道分段数,$N \geqslant 1$
7	ζ_a		管道入口的局部阻力系数
8	ζ_b		管道出口的局部阻力系数
9	p_{ra}	MPa	液体管道压强额定值
10	p_{in}	MPa	液体管道压强初始值
11	q_{ra}	kg/s	液体管道质量流量额定值
12	q_{in}	kg/s	液体管道质量流量初始值

2.9 液体管道1模块

如图 2.9 所示,在有汇聚流的液体管道上游连接处,除一根液体管道采用 Line 模块建模外,其它液体管道因模块连接需要必须采用 Line1 模块进行建模。

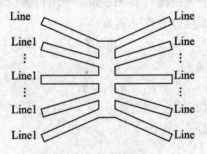

图 2.9 液体管道连接示意图

(1)数学模型

如图 2.10 所示,若把一根液体管道分为 N 段,这会形成 $2N+1$ 个独立变量,它们是 N 个压强 p_i 和 $N+1$ 个流量 q_i,其微分方程表示为:

$$R_1 \frac{\mathrm{d}q_1}{\mathrm{d}t} = p_a - p_1 - (\xi_a + \xi_1) \frac{q_1 |q_1|}{\rho} + h_1 \rho g \tag{2.80}$$

$$R_i \frac{\mathrm{d}q_i}{\mathrm{d}t} = p_{i-1} - p_i - \xi_i \frac{q_i |q_i|}{\rho} + h_i \rho g, \quad i = 2, \ldots, N \tag{2.81}$$

$$R_{N+1}\frac{\mathrm{d}q_{N+1}}{\mathrm{d}t} = p_N - p_b - (\xi_{N+1} + \xi_b)\frac{q_{N+1}|q_{N+1}|}{\rho} + h_{N+1}\rho g \qquad (2.82)$$

$$\chi_i\frac{\mathrm{d}p_i}{\mathrm{d}t} = q_i - q_{i+1}, \quad i = 1, \dots, N \qquad (2.83)$$

式中 $R_1 = l/(2NA)$、$R_i = l/(NA)(i = 2, \dots, N)$ 和 $R_{N+1} = l/(2NA)$ 都是液体管道分段的惯性流阻,l 是液体管道长度,$A = \pi d^2/4$ 是液体管道横截面积,d 是液体管道内径;$h_1 = h/(2N)$、$h_i = h/N(i = 2, \dots, N)$ 和 $h_{N+1} = h/(2N)$ 都是液体管道分段的高度,h 是液体管道的高度;$\chi_i = V\rho/(NK)(i = 1, \dots, N)$ 是液体管道分段的流容,$V = \pi l d^2/4$ 是液体管道的体积,ρ 是推进剂密度,K 是推进剂的体积弹性模量;$\xi_a = \zeta_a/(2A^2)$ 是管道入口的流阻系数,ζ_a 是管道入口的局部阻力系数;$\xi_b = \zeta_b/(2A^2)$ 是管道出口的流阻系数,ζ_b 是管道出口的局部阻力系数;$\xi_1 = \lambda\frac{l}{2Nd}\frac{1}{2A^2}$,$\xi_i = \lambda\frac{l}{Nd}\frac{1}{2A^2}(i = 2, \dots, N)$ 和 $\xi_{N+1} = \lambda\frac{l}{2Nd}\frac{1}{2A^2}$ 都是管道分段的流阻系数,λ 是管道分段的沿程阻力系数;T_a 是液体管道入口接口的温度,q_a 是液体管道入口接口的质量流量,p_a 是液体管道入口接口的压强;T_b 是液体管道出口接口的温度,q_b 是液体管道出口接口的质量流量,p_b 是液体管道出口接口的压强。

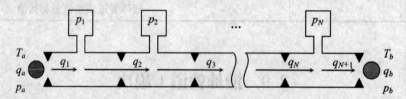

图 2.10 液体管道 1 模块(Line1)示意图

(2)接口类型及接口方程

液体管道 1 模块有一个入口接口 port1a 和一个出口接口 port1b。

液体管道 1 模块的三个接口方程分别为

$$T_a = T \qquad (2.84)$$

$$q_a = q_1 \qquad (2.85)$$

$$q_{N+1} = q_b \qquad (2.86)$$

式中 T 是液体管道中推进剂温度。

(3)模块名称及参数说明

表2.6　Line1 模块

序号	参数符号	单位	说　明
1	$kind$		推进剂种类:0 - 氧化剂,1 - 燃烧剂
2	l	m	液体管道长度
3	d	m	液体管道内径
4	h	m	液体管道高度
5	b	m	液体管道壁厚
6	N		液体管道分段数,$N \geqslant 1$
7	ζ_a		管道入口的局部阻力系数
8	ζ_b		管道出口的局部阻力系数
9	p_{ra}	MPa	液体管道压强额定值
10	p_{in}	MPa	液体管道压强初始值
11	q_{ra}	kg/s	液体管道质量流量额定值
12	q_{in}	kg/s	液体管道质量流量初始值

2.10　孔板模块

孔板作为一种传统的节流装置,具有结构简单、节流效果好、价格低廉及适应性广等诸多优点[40]。同样,孔板在液体火箭发动机中也有着广泛的应用,除了可以调整供应系统压强之外,还可以有效地降低推进剂流动产生的水击作用。

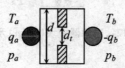

图2.11　孔板模块(Orifice)示意图

(1)数学模型

孔板模块的方程可写为:

$$p_a - p_b = \frac{co \quad q|q|}{2\mu^2 A_t^2 \quad \rho}$$
(2.87)

式中 T_a 是孔板入口接口的温度,q_a 是孔板入口接口的质量流量,p_a 是孔板入口接口的压强;T_b 是孔板出口接口的温度,$-q_b$ 是孔板出口接口的质量流量,p_b 是孔板出口接口的压强;co 是孔板阻力修正系数;q 是孔板的质量流量;μ 是孔板的流量系数;$A_t = \pi/(4d_t^2)$ 是孔板的最小流通面积,d_t 是孔板喉部内径;ρ 是推进剂密度。

（2）接口类型及接口方程

孔板模块有一个入口接口 port1a 和一个出口接口 port1b。

孔板模块的三个接口方程分别为

$$T_a = T_b \tag{2.88}$$

$$q_a = q \tag{2.89}$$

$$q = -q_b \tag{2.90}$$

（3）模块名称及参数说明

表 2.7　Orifice 模块

序号	参数符号	单位	说　　明
1	$kind$		推进剂种类:0 - 氧化剂,1 - 燃烧剂
2	d	m	管道内径
3	d_t	m	孔板喉部内径
4	co		孔板阻力修正系数

2.11　过滤器模块

由于过滤器可有效防止铝屑等多余物阻塞推进剂流道或导致密封件失效甚至引起转动组件结构破坏[41]，因此过滤器在液体火箭发动机中起着非常重要的作用。

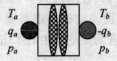

图 2.12　过滤器模块(Filter)示意图

（1）数学模型

过滤器模块的方程组可写为：

$$p_a - p_b = \frac{N\zeta}{2A^2} \frac{q|q|}{\rho} \tag{2.91}$$

$$\zeta = \begin{cases} 1.3(1-\varepsilon) + (1/\varepsilon - 1)^2, & Re > 400 \\ 1.3co(1-\varepsilon) + co(1/\varepsilon - 1)^2, & Re \leqslant 400 \end{cases} \tag{2.92}$$

式中 T_a 是过滤器入口接口的温度，q_a 是过滤器入口接口的质量流量，p_a 是过滤器入口接口的压强；T_b 是过滤器出口接口的温度，$-q_b$ 是过滤器出口接口的质量流量，p_b 是过滤器出口接口的压强；q 是过滤器的质量流量；$A = \pi/(4d^2)$ 是管道流通面积，d 是管道内径；ρ 是推进剂密度；ζ 是过滤器局部阻力系数；$\varepsilon = A_0/A$ 是过滤器面积比，A_0 是网孔面积；$co \in (1,1.4)$ 是过滤器阻力修正系数；Re 是管道雷诺数；N 是过滤网层数。

（2）接口类型及接口方程

过滤器模块有一个入口接口 port1a 和一个出口接口 port1b。

过滤器模块的三个接口方程分别为

$$T_a = T_b \tag{2.93}$$

$$q_a = q \tag{2.94}$$

$$q = -q_b \tag{2.95}$$

（3）模块名称及参数说明

表2.8　Filter 模块

序号	参数符号	单位	说　明
1	$kind$		推进剂种类:0 - 氧化剂,1 - 燃烧剂
2	d	m	管道内径
3	N		过滤网层数
4	ε		网孔面积与管道面积之比
5	co		过滤器阻力修正系数

2.12　电磁阀（有控制气体）模块

如图 2.13 所示,电动气阀上接高压气源,气动液阀的推进剂入口与推进剂供应管道相连,出口与推进剂充填管道相连。电动气阀线圈通电后,线圈电流按指数规律增长,当达到触动电流时,衔铁开始运动,电动气阀逐渐打开,高压气源和其控制腔气体的巨大压差,使得其控制腔气体压强急剧上升;电动气阀的控制腔在自身压强上升的同时,对气动液阀的控制腔充气,当气动液阀控制腔气体压强上升到一定值时,气动液阀活塞开始运动,直至气动液阀完全打开,完成其开启过程。当发出关机指令时,电动气阀线圈断电,磁通逐渐衰减至释放磁通时,吸力已不足以吸住衔铁,由弹簧力克服气体压力和电磁力,推动衔铁组件运动,衔铁即开始释放,直至电动气阀关闭,与此同时,电动气阀控制腔气体通过排气口流出,控制腔泄压,气动液阀控制腔随之泄压,气动液阀活塞在弹簧力的作用下逐渐关闭,完成其关闭过程。

（1）数学模型

对于电磁阀（有控制气体）工作过程,在建立其动态数学模型时,作了如下假设:①忽略电磁系统热惯性和涡流的影响;②气体处于超临界状态;③气体状态方程为 $pV = mzR_gT$;④气体流动过程为等熵过程;⑤两个控制腔内气体压强、密度及温度等参数均匀分布,不计波动特性。

电磁阀（有控制气体）包括电路、磁路、衔铁组件、电动气阀控制腔、活塞作动杆、气动液阀控制腔和推进剂通道等。下面分别写出其数学模型。

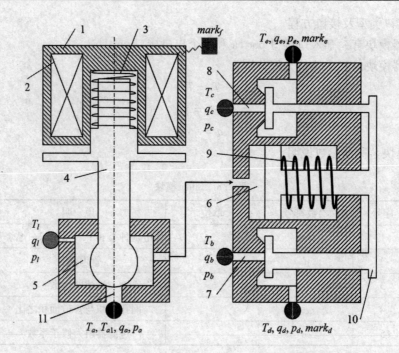

1-电磁导体;2-线圈;3-电动气阀弹簧;4-衔铁组件;5-电动气阀控制腔;6-气动液阀控制腔;
7-氧化剂入口;8-燃烧剂入口;9-气动液阀弹簧;10-活塞作动杆;11-高压气源入口

图 2.13　电磁阀(有控制气体)模块(Valve With Controlling Gas)示意图

① 电路的基本方程

$$U = iR_i + \frac{\mathrm{d}\psi}{\mathrm{d}t} = iR_i + \frac{\mathrm{d}(N\phi_c)}{\mathrm{d}t} = iR_i + N\frac{\mathrm{d}\phi_c}{\mathrm{d}t} \tag{2.96}$$

式中 U 是线圈励磁电压,i 是电流,R_i 是线圈电阻,ψ 是电磁系统全磁链,N 是线圈匝数,ϕ_c 是磁路中的磁通量。

② 磁路的基本方程

根据基尔霍夫磁压定律,可得出磁路计算的数学模型,即

$$iN = \phi_\delta(R_\delta + R_f + R_c) \tag{2.97}$$

式中 ϕ_δ 是气隙中的磁通量,R_δ 是工作气隙磁阻,R_f 是非工作气隙磁阻,R_c 是对应磁路磁阻,且 $R_c = H_c L_c$。忽略非工作气隙磁阻,式(2.97)变为:

$$iN = \phi_\delta R_\delta + H_c L_c \tag{2.98}$$

式中 H_c 是磁场强度,L_c 是磁路长度。气隙磁阻为:

$$R_\delta = \delta/(\mu_0 A) = (h_{max} - x_1)/(\mu_0 A) \tag{2.99}$$

式中 δ 是气隙长度,μ_0 是真空磁导率,A 是气隙处的磁极面积,h_{max} 是最大气隙,x_1 是衔铁位移。

$$B_c = \phi_c/A \tag{2.100}$$

式中 B_c 是磁路中的磁感应强度。对材料的磁化曲线数据,利用一维线性内插进行数据分段插值,完成磁感应强度 B_c 与磁场强度 H_c 之间的变换。

若考虑漏磁,则漏磁系数 σ 表示为

$$\sigma = \phi_c / \phi_\delta \tag{2.101}$$

对于直流螺管式电磁铁而言,漏磁系数 σ 的经验公式为

$$\sigma = 1 + \frac{\delta}{r_1}\left\{0.67 + \frac{0.13\delta}{r_1} + \frac{r_1 + r_2}{\pi r_1}\left[\frac{\pi L_k}{8(r_2 - r_1)} + \frac{2(r_2 - r_1)}{\pi L_k} - 1\right] + 1.465\lg\frac{r_2 - r_1}{\delta}\right\} \tag{2.102}$$

式中 L_k 是线圈组件高度,r_1,r_2 分别是电磁机构结构尺寸参数[23]。

根据麦克斯韦电磁吸力公式,电磁阀电磁吸力 F_x 为

$$F_x = \phi_\delta^2 / (2\mu_0 A) \tag{2.103}$$

③ 衔铁组件的基本方程

$$m_{t1}\frac{\mathrm{d}u_1}{\mathrm{d}t} = F_x + F_{p1} - F_{f1} - F_{c1} \tag{2.104}$$

式中 m_{t1} 是电动气阀运动件总质量,u_1 是电动气阀活塞运动速度,F_{p1} 是作用在电动气阀活塞上的压强力,F_{f1} 是作用在电动气阀运动件上的摩擦力,F_{c1} 是作用在电动气阀活塞上的弹簧力。

$$\frac{\mathrm{d}x_1}{\mathrm{d}t} = u_1 \tag{2.105}$$

式中 x_1 是电动气阀活塞位移。

$$F_{p1} = (p_1 - p_0)A_{n1} \tag{2.106}$$

式中 p_1 是电动气阀控制腔气体压强,p_0 是环境压强,A_{n1} 是电动气阀活塞杆横截面积。

$$F_{c1} = F_{c01} + c_1 x_1 \tag{2.107}$$

式中 F_{c01} 是电动气阀弹簧预紧力,c_1 是电动气阀弹簧刚度。

$$F_{f1} = sign(u_1)F_{fs1} + f_1 u_1 \tag{2.108}$$

式中 F_{fs1} 是电动气阀静摩擦力,f_1 是电动气阀摩擦系数。

④ 电动气阀控制腔的基本方程

$$m_1\frac{\mathrm{d}T_1}{\mathrm{d}t} = q_a(\gamma T_{1i} - T_1) - q(\gamma T_{1e} - T_1) - q_l(\gamma T_l - T_1) - \frac{\gamma - 1}{R_g}p_1 u_1 A_{n1} \tag{2.109}$$

$$m_1 = p_1 V_1 / (z R_g T_1) \tag{2.110}$$

$$T_{1i} = \begin{cases} T_a, & q_a \geq 0 \\ T_{a1}, & q_a < 0 \end{cases}, \quad T_{1e} = \begin{cases} T_1, & q \geq 0 \\ T_2, & q < 0 \end{cases}, \quad T_l = \begin{cases} T_1, & q_l \geq 0 \\ T_0, & q_l < 0 \end{cases} \tag{2.111}$$

$$V_1\frac{\mathrm{d}p_1}{\mathrm{d}t} = z R_g q_a \gamma T_{1i} - z R_g q\gamma T_{1e} - z R_g q_l \gamma T_l - p_1 u_1 A_{n1}(z\gamma - z + 1) \tag{2.112}$$

$$\frac{\mathrm{d}V_1}{\mathrm{d}t} = u_1 A_{n1} \tag{2.113}$$

式中 T_a 是电动气阀控制腔入口接口的下传温度,T_{a1} 是电动气阀控制腔入口接口的上传温度,q_a 是电动气阀控制腔入口接口的质量流量,p_a 是电动气阀控制腔入口接口的气体压强;T_l 是电动气阀控制腔泄漏口接口的温度,q_l 是电动气阀控制腔泄漏口接口的质量流量,p_l 是电动气阀控制腔泄漏口接口的气体压强;T_1 是电动气阀控制腔的气体温度,p_1 是电动气阀控制腔的气体压强,V_1 是电动气阀控制腔的体积,m_1 是电动气阀控制腔的气

体质量;T_{1i}是电动气阀控制腔入口的气体温度,T_{1e}是电动气阀控制腔出口的气体温度;T_2是气动液阀控制腔的气体温度;q是电动气阀控制腔到气动液阀控制腔的质量流量。

⑤ 电动气阀气源入口的基本方程

$$a = \frac{\sqrt{d^2 - d_{i1}^2}}{2} \tag{2.114}$$

$$A_{i1} = \pi d_{i1} a x_1 \frac{1 + x/(2a)}{\sqrt{(d_{i1}/2)^2 + (a + x_1)^2}} \tag{2.115}$$

$$q_a = \begin{cases} \dfrac{\mu_{i1} A_{i1} p_a}{\sqrt{R_g T_a}} \sqrt{\dfrac{2\gamma}{\gamma - 1}\left[\left(\dfrac{p_1}{p_a}\right)^{2/\gamma} - \left(\dfrac{p_1}{p_a}\right)^{(\gamma+1)/\gamma}\right]}, & \dfrac{p_1}{p_a} > \left(\dfrac{2}{\gamma + 1}\right)^{\gamma/(\gamma-1)} \\[3mm] \dfrac{\mu_{i1} A_{i1} p_a}{\sqrt{R_g T_a}} \sqrt{\gamma\left(\dfrac{2}{\gamma + 1}\right)^{(\gamma+1)/(\gamma-1)}}, & \dfrac{p_1}{p_a} \leqslant \left(\dfrac{2}{\gamma + 1}\right)^{\gamma/(\gamma-1)} \end{cases}, \quad p_a \geqslant p_1 \\[3mm] \begin{cases} -\dfrac{\mu_{i1} A_{i1} p_1}{\sqrt{R_g T_{a1}}} \sqrt{\dfrac{2\gamma}{\gamma - 1}\left[\left(\dfrac{p_a}{p_1}\right)^{2/\gamma} - \left(\dfrac{p_a}{p_1}\right)^{(\gamma+1)/\gamma}\right]}, & \dfrac{p_a}{p_1} > \left(\dfrac{2}{\gamma + 1}\right)^{\gamma/(\gamma-1)} \\[3mm] -\dfrac{\mu_{i1} A_{i1} p_1}{\sqrt{R_g T_{a1}}} \sqrt{\gamma\left(\dfrac{2}{\gamma + 1}\right)^{(\gamma+1)/(\gamma-1)}}, & \dfrac{p_a}{p_1} \leqslant \left(\dfrac{2}{\gamma + 1}\right)^{\gamma/(\gamma-1)} \end{cases}, \quad p_a < p_1$$

$$\tag{2.116}$$

式中 d 是电动气阀活塞杆球头直径,d_{i1} 是电动气阀控制腔气源入口的直径,A_{i1} 是电动气阀控制腔气源入口的节流面积,μ_{i1} 是电动气阀控制腔气源入口的流量系数。

⑥ 两控制腔间节流通道的基本方程

$$A_{i2} = \pi d_{i2}^2/4 \tag{2.117}$$

$$q = \begin{cases} \dfrac{\mu_{i2} A_{i2} p_1}{\sqrt{R_g T_1}} \sqrt{\dfrac{2\gamma}{\gamma - 1}\left[\left(\dfrac{p_2}{p_1}\right)^{2/\gamma} - \left(\dfrac{p_2}{p_1}\right)^{(\gamma+1)/\gamma}\right]}, & \dfrac{p_2}{p_1} > \left(\dfrac{2}{\gamma + 1}\right)^{\gamma/(\gamma-1)} \\[3mm] \dfrac{\mu_{i2} A_{i2} p_1}{\sqrt{R_g T_1}} \sqrt{\gamma\left(\dfrac{2}{\gamma + 1}\right)^{(\gamma+1)/(\gamma-1)}}, & \dfrac{p_2}{p_1} \leqslant \left(\dfrac{2}{\gamma + 1}\right)^{\gamma/(\gamma-1)} \end{cases}, \quad p_1 \geqslant p_2 \\[3mm] \begin{cases} -\dfrac{\mu_{i2} A_{i2} p_2}{\sqrt{R_g T_2}} \sqrt{\dfrac{2\gamma}{\gamma - 1}\left[\left(\dfrac{p_1}{p_2}\right)^{2/\gamma} - \left(\dfrac{p_1}{p_2}\right)^{(\gamma+1)/\gamma}\right]}, & \dfrac{p_1}{p_2} > \left(\dfrac{2}{\gamma + 1}\right)^{\gamma/(\gamma-1)} \\[3mm] -\dfrac{\mu_{i2} A_{i2} p_2}{\sqrt{R_g T_2}} \sqrt{\gamma\left(\dfrac{2}{\gamma + 1}\right)^{(\gamma+1)/(\gamma-1)}}, & \dfrac{p_1}{p_2} \leqslant \left(\dfrac{2}{\gamma + 1}\right)^{\gamma/(\gamma-1)} \end{cases}, \quad p_1 < p_2$$

$$\tag{2.118}$$

式中 d_{i2} 是气动液阀控制腔入口直径,A_{i2} 是气动液阀控制腔入口的节流面积,μ_{i2} 是气动液阀控制腔入口的流量系数。

⑦ 电动气阀泄漏口的基本方程

$$A_l = \pi d_l^2/4 \tag{2.119}$$

$$q_l = \begin{cases} \dfrac{\mu_l A_l p_1}{\sqrt{R_g T_1}} \sqrt{\dfrac{2\gamma}{\gamma-1}\left[\left(\dfrac{p_0}{p_1}\right)^{2/\gamma}-\left(\dfrac{p_0}{p_1}\right)^{(\gamma+1)/\gamma}\right]}, & \dfrac{p_0}{p_1} > \left(\dfrac{2}{\gamma+1}\right)^{\gamma/(\gamma-1)} \\[4mm] \dfrac{\mu_l A_l p_1}{\sqrt{R_g T_1}} \sqrt{\gamma\left(\dfrac{2}{\gamma+1}\right)^{(\gamma+1)/(\gamma-1)}}, & \dfrac{p_0}{p_1} \leqslant \left(\dfrac{2}{\gamma+1}\right)^{\gamma/(\gamma-1)} \\[4mm] -\dfrac{\mu_l A_l p_0}{\sqrt{R_g T_0}} \sqrt{\dfrac{2\gamma}{\gamma-1}\left[\left(\dfrac{p_1}{p_0}\right)^{2/\gamma}-\left(\dfrac{p_1}{p_0}\right)^{(\gamma+1)/\gamma}\right]}, & \dfrac{p_1}{p_0} > \left(\dfrac{2}{\gamma+1}\right)^{\gamma/(\gamma-1)} \\[4mm] -\dfrac{\mu_l A_l p_0}{\sqrt{R_g T_0}} \sqrt{\gamma\left(\dfrac{2}{\gamma+1}\right)^{(\gamma+1)/(\gamma-1)}}, & \dfrac{p_1}{p_0} \leqslant \left(\dfrac{2}{\gamma+1}\right)^{\gamma/(\gamma-1)} \end{cases}$$

$$p_1 \geqslant p_0 \qquad\qquad p_1 < p_0$$

$$(2.120)$$

式中 d_l 是电动气阀控制腔泄漏口的内径,A_l 是电动气阀控制腔泄漏口的横截面积,μ_l 是电动气阀控制腔泄漏口的流量系数,T_0 是环境温度。

⑧ 气动液阀活塞作动杆的基本方程

$$m_{t2}\frac{\mathrm{d}u_2}{\mathrm{d}t} = F_{p2} - F_{f2} - F_{c2} \qquad\qquad (2.121)$$

式中 m_{t2} 是气动液阀运动件总质量,u_2 是气动液阀活塞运动速度,F_{p2} 是作用在气动液阀活塞上的压强力,F_{f2} 是作用在气动液阀运动件上的摩擦力,F_{c2} 是作用在气动液阀活塞上的弹簧力。

$$\frac{\mathrm{d}x_2}{\mathrm{d}t} = u_2 \qquad\qquad (2.122)$$

式中 x_2 是气动液阀活塞位移。

$$F_{p2} = (p_2 - p_0)A_{n2} + (p_b - p_0)A_{nox} + (p_c - p_0)A_{nfu} \qquad (2.123)$$

式中 p_2 是气动液阀控制腔的气体压强,A_{n2} 是气动液阀活塞杆的横截面积,A_{nox} 是氧化剂入口管道的横截面积,A_{nfu} 是燃烧剂入口管道的横截面积。

$$F_{c2} = F_{c02} + c_2 x_2 \qquad\qquad (2.124)$$

式中 F_{c02} 是气动液阀弹簧预紧力,c_2 是气动液阀弹簧刚度。

$$F_{f2} = sign(u_2)F_{fs2} + f_2 u_2 \qquad\qquad (2.125)$$

式中 F_{fs2} 是气动液阀静摩擦力,f_2 是气动液阀摩擦系数。

⑨ 气动液阀控制腔的基本方程

$$m_2 \frac{\mathrm{d}T_2}{\mathrm{d}t} = q(\gamma T_{2i} - T_2) - \frac{\gamma-1}{R_g}p_2 u_2 A_{n2} \qquad (2.126)$$

$$m_2 = p_2 V_2 / (z R_g T_2) \qquad\qquad (2.127)$$

$$T_{2i} = \begin{cases} T_1, & q \geqslant 0 \\ T_2, & q < 0 \end{cases} \qquad\qquad (2.128)$$

$$V_2 \frac{\mathrm{d}p_2}{\mathrm{d}t} = z R_g q \gamma T_{2i} - p_2 u_2 A_{n2}(z\gamma - z + 1) \qquad (2.129)$$

$$\frac{\mathrm{d}V_2}{\mathrm{d}t} = u_2 A_{n2} \qquad\qquad (2.130)$$

式中 T_2 是气动液阀控制腔的气体温度，p_2 是气动液阀控制腔的气体压强，V_2 是气动液阀控制腔的体积，m_2 是气动液阀控制腔的气体质量，T_{2i} 是气动液阀控制腔入口的气体温度。

⑩ 氧化剂通道的基本方程

$$A_o = \pi d_{ox} x_2 \tag{2.131}$$

$$R_o \frac{dq_o}{dt} = p_b - p_d - \left(\xi_o + \frac{1}{\mu_o^2 A_o^2} \right) \frac{q_o | q_o |}{\rho_o} \tag{2.132}$$

式中 A_o 是氧化剂通道节流处的面积，μ_o 是氧化剂通道节流处的流量系数；$R_o = l_o / A_{ox}$ 是氧化剂入口管道的惯性流阻，l_o 是氧化剂入口管道的长度，$A_{ox} = \pi d_{ox}^2 / 4$ 是氧化剂入口管道的横截面积，d_{ox} 是氧化剂入口管道的内径；ρ_o 是氧化剂密度；$\xi_o = \lambda_o \frac{l_o}{d_{ox}} \frac{1}{2A_{ox}^2}$ 是氧化剂入口管道的流阻系数，λ_o 是氧化剂入口管道的沿程阻力系数；T_b 是氧化剂通道入口接口的温度，q_b 是氧化剂通道入口接口的质量流量，p_b 是氧化剂通道入口接口的压强；T_d 是氧化剂通道出口接口的温度，q_d 是氧化剂通道出口接口的质量流量，p_d 是氧化剂通道出口接口的压强。

⑪ 燃烧剂通道的基本方程

$$A_f = \pi d_{fu} x_2 \tag{2.133}$$

$$R_f \frac{dq_f}{dt} = p_c - p_e - \left(\xi_f + \frac{1}{\mu_f^2 A_f^2} \right) \frac{q_f | q_f |}{\rho_f} \tag{2.134}$$

式中 A_f 是燃烧剂通道节流处的面积，μ_f 是燃烧剂通道节流处的流量系数；$R_f = l_f / A_{fu}$ 是燃烧剂入口管道的惯性流阻，l_f 是燃烧剂入口管道的长度，$A_{fu} = \pi d_{fu}^2 / 4$ 是燃烧剂入口管道的横截面积，d_{fu} 是燃烧剂入口管道的内径；ρ_f 是燃烧剂密度；$\xi_f = \lambda_f \frac{l_f}{d_{fu}} \frac{1}{2A_{fu}^2}$ 是燃烧剂入口管道的流阻系数，λ_f 是燃烧剂入口管道的沿程阻力系数；T_c 是燃烧剂通道入口接口的温度，q_c 是燃烧剂通道入口接口的质量流量，p_c 是燃烧剂通道入口接口的压强；T_e 是燃烧剂通道出口接口的温度，q_e 是燃烧剂通道出口接口的质量流量，p_e 是燃烧剂通道出口接口的压强。

（2）接口类型及接口方程

电磁阀（有控制气体）模块有一个入口接口 port4a、两个入口接口 port1a、一个入口接口 port2a、一个出口接口 port1b 和两个出口接口 por3b。其中入口接口 port4a a 连接减压阀出口，入口接口 port1a b 连接氧化剂管道，入口接口 port1a c 连接燃烧剂管道，入口接口 port2a f 连接控制系统；出口接口 port1b l 连接大气环境，出口接口 port3b d 连接氧化剂充填管道，出口接口 port3b e 连接燃烧剂充填管道。

入口接口 port2a 由 Modelica 语言定义为：

```
connector port2a
    Integer mark_a "控制信号:0 - 断电,1 - 通电";
end port2a;
```

出口接口 port3b 由 Modelica 语言定义为：

```
connector port3b
```

Real p_b(unit = "MPa") "压强";

Real T_b(unit = "K") "温度";

Integer $mark_b$"控制信号:0 - 断电,1 - 通电";

flow Real q_b(unit = "kg/s") "质量流量";

end port3b;

电磁阀(有控制气体)模块的九个接口方程分别为

$$mark_f = mark_d \tag{2.135}$$

$$mark_f = mark_e \tag{2.136}$$

$$T_{a1} = T_1 \tag{2.137}$$

$$T_b = T_d \tag{2.138}$$

$$T_c = T_e \tag{2.139}$$

$$q_b = q_o \tag{2.140}$$

$$q_o = q_d \tag{2.141}$$

$$q_c = q_f \tag{2.142}$$

$$q_f = q_e \tag{2.143}$$

(3)模块名称及参数说明

表 2.9　ValveWithControllingGas 模块

序号	参数符号	单位	说　明
1	U	V	线圈励磁电压
2	R	Ω	电阻
3	L_m	m	磁路中磁导体的有效长度
4	m_{t1}	kg	电动气阀运动件质量
5	n_B		线圈匝数
6	a_q	m²	衔铁吸动面积
7	h_{1min}	m	电动气阀闭合气隙
8	h_{1max}	m	电动气阀最大气隙
9	d_{n1}	m	电动气阀活塞杆中轴直径
10	d_1	m	线圈组件内直径
11	d_2	m	线圈组件外直径
12	L_k	m	线圈组件高度
13	F_{c01}	N	电动气阀弹簧预紧力
14	c_1	N/m	电动气阀弹簧刚度
15	F_{fs1}	N	电动气阀静摩擦力
16	f_1	kg/s	电动气阀摩擦系数
17	mu_{i1}		电动气阀控制腔气源入口的流量系数
18	d_{i1}	m	电动气阀控制腔气源入口的直径

(续表)

序号	参数符号	单位	说　明
19	d	m	电动气阀球头直径
20	mu_{i2}		气动液阀控制腔入口的流量系数
21	d_{i2}	m	气动液阀控制腔入口直径
22	mu_l		电动气阀控制腔泄压口的流量系数
23	d_l	m	电动气阀控制腔泄压口直径
24	m_{t2}	kg	气动液阀运动件质量
25	$h_{2\,min}$	m	气动液阀活塞最小位移
26	$h_{2\,max}$	m	气动液阀活塞最大位移
27	d_{n2}	m	气动液阀活塞杆中轴直径
28	d_{nox}	m	氧化剂活塞杆中轴直径
29	d_{nfu}	m	燃烧剂活塞杆中轴直径
30	F_{c02}	N	气动液阀弹簧预紧力
31	c_2	N/m	气动液阀弹簧刚度
32	F_{fs2}	N	气动液阀静摩擦力
33	f_2	kg/s	气动液阀摩擦系数
34	d_{ox}	m	氧化剂阀座孔径
35	l_o	m	氧化剂阀入口长度
36	d_{fu}	m	燃烧剂阀座孔径
37	l_{fu}	m	燃烧剂阀入口长度
38	Psi_{in}	wb	电磁系统全磁链初始值
39	u_{1ra}	m/s	电动气阀活塞速度额定值
40	u_{1in}	m/s	电动气阀活塞初始值
41	x_{1in}	m	电动气阀活塞位移初始值
42	T_{ra}	K	两控制腔温度额定值
43	T_{in}	K	两控制腔温度初始值
44	p_{ra}	MPa	两控制腔压强额定值
45	p_{in}	MPa	两控制腔压强初始值
46	V_{1in}	m^3	电动气阀控制腔体积初始值
47	u_{2ra}	m/s	气动液阀活塞速度额定值
48	u_{2in}	m/s	气动液阀活塞速度初始值
49	x_{2in}	m	气动液阀活塞位移初始值
50	V_{2in}	m^3	气动液阀控制腔体积初始值
51	q_{ora}	kg/s	氧化剂质量流量额定值
52	q_{oin}	kg/s	氧化剂质量流量初始值
53	q_{fra}	kg/s	燃烧剂质量流量额定值
54	q_{fin}	kg/s	燃烧剂质量流量初始值

2.13 电磁阀(无控制气体)模块

电磁阀(无控制气体)的结构如图 2.14 所示,电磁阀的入口与推进剂供应管道相连,出口与推进剂充填管道相连。电磁阀线圈通电后,线圈电流按指数规律增长,当达到触动电流时,衔铁开始运动,电磁阀活门逐渐打开,直至阀活门完全打开,完成电磁阀的开启过程。当发出关机指令时,电磁阀线圈断电,磁通逐渐衰减至释放磁通时,吸力已不足吸住衔铁,由弹簧力克服推进剂压强力和电磁力,推动衔铁组件运动,衔铁即开始释放,直至电磁阀活门关闭,完成电磁阀关闭过程。

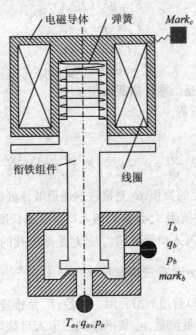

图 2.14 电磁阀(无控制气体)模块(ValveWithoutControllingGas)示意图

(1)数学模型

电磁阀(无控制气体)包括电路、磁路、衔铁组件和推进剂通道等,如图 2.14 所示。下面分别写出其数学模型。

① 电路的基本方程

$$U = iR_i + \frac{d\psi}{dt} = iR_i + \frac{d(N\phi_c)}{dt} = iR_i + N\frac{d\phi_c}{dt} \quad (2.144)$$

式中 U 是线圈励磁电压,i 是电流,R_i 是线圈电阻,ψ 是电磁系统全磁链,N 是线圈匝数,ϕ_c 是磁路中的磁通量。

② 磁路的基本方程

$$iN = \varphi_\delta R_\delta + H_c L_c \quad (2.145)$$

式中 N 是线圈匝数, ϕ_δ 是气隙中的磁通量, R_δ 是工作气隙磁阻, H_c 是磁场强度, L_c 是磁路长度。

③ 衔铁组件的基本方程

$$m_t \frac{\mathrm{d}u}{\mathrm{d}t} = F_x + F_p - F_f - F_c \tag{2.146}$$

式中 m_t 是运动件总质量, u 是运动件速度, F_x 是电磁力, F_p 是压强力, F_f 是摩擦力, F_c 是弹簧力。

$$\frac{\mathrm{d}x}{\mathrm{d}t} = u \tag{2.147}$$

式中 x 是运动件位移。

$$F_x = \phi_\delta^2 / (2\mu_0 A) \tag{2.148}$$

$$F_p = (p - p_0) A_n \tag{2.149}$$

$$F_c = F_{c0} + cx \tag{2.150}$$

$$F_f = \mathrm{sign}(u) F_{fs} + fu \tag{2.151}$$

式中 A 是衔铁吸动面积, A_n 是活塞杆横截面积。

④ 推进剂通道的基本方程

$$A_i = \pi d_i x \tag{2.152}$$

$$R_p \frac{\mathrm{d}q_p}{\mathrm{d}t} = p_a - p_b - \left(\xi_p + \frac{1}{\mu_i^2 A_i^2} \right) \frac{q_p |q_p|}{\rho} \tag{2.153}$$

式中 A_i 是推进剂通道节流处的面积, μ_i 是推进剂通道节流处的流量系数; $R_p = l_p / A_p + l_i / A_{in}$ 是推进剂入口管道的惯性流阻, l_p 是推进剂入口管道的长度, $A_p = \pi d_p^2 / 4$ 是推进剂入口管道的横截面积, d_p 是推进剂入口管道的内径, l_i 是阀座孔的长度, $A_{in} = \pi d_i^2 / 4$ 是阀座孔的横截面积, d_i 是阀座孔径; ρ 是推进剂密度; $\xi_p = \lambda_p \left(\frac{l_p}{d_p} \frac{1}{2A_p^2} + \frac{l_i}{d_i} \frac{1}{2A_{in}^2} \right)$ 是推进剂入口管道的流阻系数, λ_p 是推进剂入口管道的沿程阻力系数; T_a 是推进剂通道入口接口的温度, q_a 是推进剂通道入口接口的质量流量, p_a 是推进剂通道入口接口的压强; T_b 是推进剂通道出口接口的温度, q_b 是推进剂通道出口接口的质量流量, p_b 是推进剂通道出口接口的压强。

（2）接口类型及接口方程

电磁阀（无控制气体）模块有一个入口接口 port1a、一个入口接口 port2a 和一个出口接口 port3b。其中入口接口 port1a a 连接推进剂供应管道，入口接口 port2a c 连接控制系统，出口接口 port3b b 连接推进剂充填管道。

电磁阀（无控制气体）模块的四个接口方程分别为

$$mark_b = mark_c \tag{2.154}$$

$$T_a = T_b \tag{2.155}$$

$$q_a = q_p \tag{2.156}$$

$$q_p = q_b \tag{2.157}$$

(3)模块名称及参数说明

表 2.10　ValveWithoutControllingGas 模块

序号	参数符号	单位	说　明
1	$kind$		推进剂种类:0 - 氧化剂,1 - 燃烧剂
2	U	V	线圈励磁电压
3	R	Ω	电阻
4	L_m	m	磁路中磁导体的有效长度
5	m_t	kg	电磁阀运动件质量
6	n_B		线圈匝数
7	a_q	m²	衔铁吸动面积
8	h_{min}	m	电磁阀闭合气隙
9	h_{max}	m	电磁阀最大气隙
10	d_n	m	电磁阀活塞杆中轴直径
11	d_1	m	线圈组件内直径
12	d_2	m	线圈组件外直径
13	L_k	m	线圈组件高度
14	F_{c0}	N	电磁阀弹簧预紧力
15	c	N/m	电磁阀弹簧刚度
16	F_{fs}	N	电磁阀静摩擦力
17	f	kg/s	电磁阀摩擦系数
18	d_i	m	阀座孔径
19	l_i	m	阀座孔长度
20	d_p	m	入口管道内径
21	l_p	m	入口管道长度
22	Psi_{in}	wb	电磁系统全磁链初始值
23	u_{ra}	m/s	电磁阀活塞速度额定值
24	u_{in}	m/s	电磁阀活塞初始值
25	x_{in}	m	电磁阀活塞位移初始值
26	q_{pra}	kg/s	推进剂质量流量额定值
27	q_{pin}	kg/s	推进剂质量流量初始值
28	p_0	MPa	环境压强

2.14 充填管道模块

(1)数学模型

充填管道包括管道、集液腔和毛细孔喷嘴等,如图 2.15 所示。下面分别写出其数学模型。

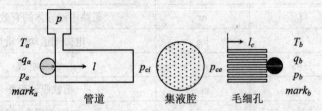

图 2.15 充填管道模块(FillingLineCollectorNozzle)示意图

① 管道的基本方程

$$R \frac{\mathrm{d}q}{\mathrm{d}t} = p - p_{ci} - (\xi_i + \xi + \xi_e) \frac{q|q|}{\rho} + h\rho g \tag{2.158}$$

$$\chi \frac{\mathrm{d}p}{\mathrm{d}t} = -q_a - q \tag{2.159}$$

$$\frac{\mathrm{d}l}{\mathrm{d}t} = \begin{cases} \dfrac{q}{\rho A}, & \text{充填过程} \\[2mm] \dfrac{-q_a - q}{\rho A}, & \text{关机过程} \end{cases} \tag{2.160}$$

式中 $R = l/A$ 是管道的惯性流阻,l 是管道的充填长度,$A = \pi d^2/4$ 是管道的横截面积,d 是管道内径;h 是管道的高度;$\chi = V\rho/K$ 是管道的流容,$V = \pi l d^2/4 + v + N_c \pi d_c^2 l_c/4$ 是充填管道中推进剂的体积,v 是集液腔中推进剂的充填体积,N_c 是毛细孔数,d_c 是毛细孔内径,l_c 是毛细孔中推进剂的充填长度,ρ 是推进剂密度,K 是推进剂的体积弹性模量;$\xi_i = \zeta_i/(2A^2)$ 是管道入口的流阻系数,ζ_i 是管道入口的局部阻力系数;$\xi = \lambda \dfrac{l}{d} \dfrac{1}{2A^2}$ 是管道的流阻系数,λ 是管道的沿程阻力系数;$\xi_e = \zeta_e/(2A^2)$ 是管道出口的流阻系数,ζ_e 是管道出口的局部阻力系数;T_a 是充填管道入口接口的温度,$-q_a$ 是充填管道入口接口的质量流量,p_a 是充填管道入口接口的压强;p 是管道的压强;q 是管道的质量流量。

② 集液腔的基本方程

$$p_{ci} \approx p_{ce} \tag{2.161}$$

$$\frac{\mathrm{d}v}{\mathrm{d}t} = \begin{cases} \dfrac{q}{\rho}, & \text{充填过程} \\[2mm] \dfrac{-q}{\rho}, & \text{关机过程} \end{cases} \tag{2.162}$$

式中 p_{ci} 是集液腔入口压强,p_{ce} 是集液腔出口压强,v 是集液腔的充填体积,q 是充填管道的质量流量。

③ 毛细孔的基本方程

对于每一个毛细孔,其流量方程为

$$R_c \frac{\mathrm{d}(q/N_c)}{\mathrm{d}t} = p_{ce} - p_b - co(\xi_{ci} + \xi_c + \xi_{ce})\frac{q/N_c|q/N_c|}{\rho} + h_c\rho g \qquad (2.163)$$

式中 $R_c = l_c/A_c$ 是毛细孔的惯性流阻, l_c 是毛细孔的充填长度, $A_c = \pi d_c^2/4$ 是毛细孔的横截面积, d_c 是毛细孔内径; h_c 是毛细孔的高度; $\xi_{ci} = \zeta_{ci}/(2A_c^2)$ 是毛细孔入口的流阻系数, ζ_{ci} 是毛细孔入口的局部阻力系数; $\xi_c = \lambda_c \dfrac{l_c}{d_c}\dfrac{1}{2A_c^2}$ 是毛细孔的流阻系数, λ_c 是毛细孔的沿程阻力系数; $\xi_{ce} = \zeta_{ce}/(2A_c^2)$ 是毛细孔出口的流阻系数, ζ_{ce} 是毛细孔出口的局部阻力系数; co 是毛细孔阻力修正系数; T_b 是充填管道出口接口的温度, q_b 是充填管道出口接口的质量流量, p_b 是充填管道出口接口的压强。

对于每一个毛细孔,其充填长度满足

$$\frac{\mathrm{d}l_c}{\mathrm{d}t} = \begin{cases} \dfrac{q}{N_c\rho A_c}, & \text{充填过程} \\[2mm] \dfrac{-q}{N_c\rho A_c}, & \text{关机过程} \end{cases} \qquad (2.164)$$

(2)接口类型及接口方程

充填管道模块有一个入口接口 port3a 和一个出口接口 por3b。其中入口接口 port3a a 连接电磁阀出口,出口接口 port3b b 连接推力室入口。

入口接口 port3a 由 Modelica 语言定义为:

```
connector port3a
    Real p_a( unit ="MPa") "压强";
    Real T_a( unit ="K") "温度";
    Integer mark_a"控制信号:0 - 断电,1 - 通电";
    flow Real q_a( unit ="kg/s") "质量流量";
end port3a;
```

充填管道模块的四个接口方程分别为

$$mark_a = mark_b \qquad (2.165)$$

$$p_a = p \qquad (2.166)$$

$$T_a = T_b \qquad (2.167)$$

$$q = q_b \qquad (2.168)$$

（3）模块名称及参数说明

表 2.11　FillingLineCollectorNozzle 模块

序号	参数符号	单位	说　明
1	$kind$		推进剂种类:0 - 氧化剂,1 - 燃烧剂
2	l_{ra}	m	管道长度
3	d	m	管道内径
4	h	m	管道高度
5	b	m	管道壁厚
6	ζ_i		管道入口的局部阻力系数
7	ζ_e		管道出口的局部阻力系数
8	v_{ra}	m³	集液腔体积
9	l_{cra}	m	毛细孔长度
10	d_c	m	毛细孔内径
11	h_c	m	毛细孔高度
12	ζ_{ci}		毛细孔入口的局部阻力系数
13	ζ_{ce}		毛细孔出口的局部阻力系数
14	co		毛细孔阻力修正系数
15	p_{ra}	MPa	管道压强额定值
16	p_{in}	MPa	管道压强初始值
17	q_{ra}	kg/s	充填管道质量流量额定值
18	q_{in}	kg/s	充填管道质量流量初始值
19	l_{in}	m	管道充填长度初始值
20	v_{in}	m³	集液腔充填体积初始值
21	l_{cin}	m	毛细孔充填长度初始值

2.15　推力室模块

（1）数学模型

对于推力室工作过程,在建立其动态数学模型时,作如下假设:①推力室中燃气符合理想气体状态方程;②液体推进剂喷入燃烧室到转换成燃气是在经过一个燃烧时滞(分为氧化剂敏感时滞、燃烧剂敏感时滞和不变时滞)之后完成的;③燃气在喷管中流动是绝热等熵的;④燃烧室内气体压强、密度及温度等参数均匀分布,不考虑它们的波动特性。

推力室包括燃烧室和喷管等,如图 2.16 所示。下面分别写出其数学模型。

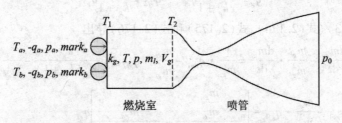

图 2.16　推力室模块(ThrustChamber)示意图

① 燃烧室的基本方程

液态推进剂进入燃烧室,一部分转化为气态的燃烧产物,另一部分以液相的形式随燃气排出燃烧室。其中,液体氧化剂和液体燃烧剂因雾化、加热、蒸发、扩散和湍流混合等过程生成混合物的时间可近似表示为

$$\tau_o = a_1 p^{-a_2} \tag{2.169}$$

$$\tau_f = a_3 p^{-a_4} \tag{2.170}$$

式中 τ_o 和 τ_f 分别是液体氧化剂和液体燃烧剂转化过程的敏感时滞,p 是燃烧室压强,a_1、a_2、a_3 和 a_4 是常数。

燃烧室中积累的液体氧化剂和液体燃烧剂质量变化分别表示为

$$\frac{\mathrm{d}m_{lo}}{\mathrm{d}t} = q_{lo1} - \frac{m_{lo}}{\tau_o} - q_{lo2} \tag{2.171}$$

$$\frac{\mathrm{d}m_{lf}}{\mathrm{d}t} = q_{lf1} - \frac{m_{lf}}{\tau_f} - q_{lf2} \tag{2.172}$$

式中 m_{lo} 和 m_{lf} 分别是燃烧室中积累的液体氧化剂和液体燃烧剂质量 q_{lo1} 和 q_{lf1} 分别是流入燃烧室的液体氧化剂和液体燃烧剂质量流量,q_{lo2} 和 q_{lf2} 分别是流出燃烧室的液体氧化剂和液体燃烧剂质量流量。

设燃烧室内气态氧化剂质量和燃烧剂质量的瞬时值分别为 m_{go} 和 m_{gf},则燃烧室内燃气组元比的平均瞬时值 k_g 为

$$k_g = \frac{m_{go}}{m_{gf}} \tag{2.173}$$

对燃烧室内每种气态组元的质量可单独写出质量平衡方程为

$$\frac{\mathrm{d}m_{go}}{\mathrm{d}t} = q_{go1} - q_{go2} \tag{2.174}$$

$$\frac{\mathrm{d}m_{gf}}{\mathrm{d}t} = q_{gf1} - q_{gf2} \tag{2.175}$$

其中燃烧室入口燃气流量 $q_{g1}(t) = q_{go1}(t) + q_{gf1}(t)$,燃烧室入口燃气中的氧化剂流量 $q_{go1}(t) = \frac{m_{lo}(t-\tau_r)}{\tau_o(t-\tau_r)}$,燃烧室入口燃气中的燃烧剂流量 $q_{gf1}(t) = \frac{m_{lf}(t-\tau_r)}{\tau_f(t-\tau_r)}$,$\tau_r$ 是氧化剂和燃烧剂因化学反应生成燃烧产物的不变时滞,燃烧室出口燃气流量 $q_{g2} = q_{go2} + q_{gf2}$。氧化剂流量 q_{go2} 和燃烧剂流量 q_{gf2} 由组元比 k_g 和总流量 q_{g2} 来确定。

$$q_{go2} = \frac{k_g}{k_g + 1} q_{g2}, \quad q_{gf2} = \frac{1}{k_g + 1} q_{g2} \tag{2.176}$$

由式(2.173)、式(2.174)、式(2.175)和式(2.176)导出

$$\frac{dk_g}{dt} = \frac{1}{m_{gf}} \cdot \frac{dm_{go}}{dt} - \frac{m_{go}}{m_{gf}^2} \cdot \frac{dm_{gf}}{dt} = \frac{1}{m_{gf}} \cdot q_{go1} - \frac{m_{go}}{m_{gf}^2} \cdot q_{gf1} - \left[\frac{k_g}{m_{gf}(k_g + 1)} - \frac{m_{go}}{m_{gf}^2(k_g + 1)} \right] q_{g2}$$

$$= \frac{1}{m_{gf}} \cdot q_{go1} - \frac{m_{go}}{m_{gf}^2} \cdot q_{gf1} - \left[\frac{\dfrac{m_{go}}{m_{gf}}}{m_{gf}(k_g + 1)} - \frac{m_{go}}{m_{gf}^2(k_g + 1)} \right] q_{g2}$$

$$= \frac{1}{m_{gf}} \cdot q_{go1} - \frac{m_{go}}{m_{gf}^2} \cdot q_{gf1} \tag{2.177}$$

由 $m_g = m_{go} + m_{gf}$ 和 $k_g = m_{go}/m_{gf}$ 可得

$$m_{go} = \frac{m_g k_g}{k_g + 1}, \quad m_{gf} = \frac{m_g}{k_g + 1} \tag{2.178}$$

将式(2.178)代入式(2.177)可得

$$\frac{dk_g}{dt} = \frac{k_g + 1}{m_g} (q_{go1} - k_g q_{gf1}) \tag{2.179}$$

式中燃气质量 $m_g = pV_g/(R_g T)$，R_g 是气体常数，$V_g = V - m_{lo}/\rho_o - m_{lf}/\rho_f$ 是燃烧室气体体积，ρ_o 和 ρ_f 分别是液体氧化剂和液体燃烧剂密度，V 是燃烧室体积。

如果认为热导率和扩散系数为无限大(即气体管道瞬时充分混合模型)，那么整个燃烧室的燃气温度的瞬时值 $T(x,t)$(在该瞬间刚进入入口的那股燃气除外)是一样的，并等于燃烧室出口处的温度。

$$T(x,t) = \begin{cases} T(0,t) = T_1(t), & x = 0 \\ T(l,t) = T_2(t), & 0 < x \leqslant l \end{cases} \tag{2.180}$$

忽略燃烧室中的燃气动能变化，假设流动是绝热的，则燃烧室能量守恒方程表示为

$$\frac{d(m_g c_v T_2)}{dt} = c_{p1} T_1 q_{g1} \eta_c - c_{p2} T_2 q_{g2} \tag{2.181}$$

式中 $c_v = \dfrac{R_g}{\gamma - 1}$ 是定容比热，$c_p = \dfrac{\gamma R_g}{\gamma - 1}$ 是定压比热，γ 是比热比，$R_g T_2$ 表示燃气的作功能力，η_c 是燃烧效率。方程(2.181)展开为

$$m_g \frac{d(R_g T_2)}{dt} + R_g T \frac{dm_g}{dt} = (\gamma - 1) \left(\frac{\gamma_1}{\gamma_1 - 1} R_{g1} T_1 q_{g1} \eta_c - \frac{\gamma_2}{\gamma_2 - 1} R_{g2} T_2 q_{g2} \right) \tag{2.182}$$

由质量守恒可得

$$\frac{dm_g}{dt} = q_{g1} - q_{g2} \tag{2.183}$$

所以有

$$m_g \frac{d(R_g T_2)}{dt} = (\gamma - 1) \left(\frac{\gamma_1}{\gamma_1 - 1} R_{g1} T_1 q_{g1} \eta_c - \frac{\gamma_2}{\gamma_2 - 1} R_{g2} T_2 q_{g2} \right) - R_g T_2 (q_{g1} - q_{g2})$$

$$\tag{2.184}$$

根据气体状态方程可写出

$$m_g = pV_g / (R_g T_2)$$ (2.185)

两边取导数变为

$$\frac{V_g}{R_g T_2} \frac{\mathrm{d}p}{\mathrm{d}t} - \frac{pV_g}{(R_g T_2)^2} \frac{\mathrm{d}(R_g T_2)}{\mathrm{d}t} = \frac{\mathrm{d}m_g}{\mathrm{d}t} = q_{g1} - q_{g2}$$ (2.186)

将式(2.184)代入式(2.186)可得

$$V_g \frac{\mathrm{d}p}{\mathrm{d}t} = (\gamma - 1) \left(\frac{\gamma_1}{\gamma_1 - 1} R_{g1} T_1 q_{g1} \eta_c - \frac{\gamma_2}{\gamma_2 - 1} R_{g2} T_2 q_{g2} \right)$$ (2.187)

② 喷管的基本方程

$$q = \begin{cases} \dfrac{\mu p A_t}{\sqrt{R_g T_2}} \sqrt{\gamma \left(\dfrac{2}{\gamma + 1} \right)^{\frac{\gamma+1}{\gamma-1}}} & \dfrac{p_0}{p} \leqslant \left(\dfrac{2}{\gamma + 1} \right)^{\frac{\gamma}{\gamma-1}} \\ \dfrac{\mu p A_t}{\sqrt{R_g T_2}} \sqrt{\dfrac{2\gamma}{\gamma - 1} \left[\left(\dfrac{p_0}{p} \right)^{\frac{2}{\gamma}} - \left(\dfrac{p_0}{p} \right)^{\frac{\gamma+1}{\gamma}} \right]} & \dfrac{p_0}{p} > \left(\dfrac{2}{\gamma + 1} \right)^{\frac{\gamma}{\gamma-1}} \end{cases}$$ (2.188)

式中 μ 是喷管流量系数, A_t 是喷管喉部的横截面积, p_0 是环境压强, T_2 和 p 分别是燃烧室燃气的温度和压强。

③ 推力室的性能参数

$$\left(\frac{p_e}{p} \right)^{2/\gamma} - \left(\frac{p_e}{p} \right)^{(\gamma+1)/\gamma} = \left(\frac{2}{\gamma + 1} \right)^{2/(\gamma-1)} \frac{\gamma - 1}{\gamma + 1} \bigg/ \left(\frac{A_e}{A_t} \right)^2$$ (2.189)

$$u_e = \sqrt{\frac{2\gamma}{\gamma - 1} R_g T_2 \left[1 - \left(\frac{p_e}{p} \right)^{(\gamma-1)/\gamma} \right]}$$ (2.190)

$$F = q_{g2} u_e + A_e (p_e - p_0)$$ (2.191)

$$I_{sp} = F / q_{g2}$$ (2.192)

$$c^* = \frac{\sqrt{\gamma R_g T_2}}{\gamma \sqrt{\left(\dfrac{2}{\gamma + 1} \right)^{(\gamma+1)/(\gamma-1)}}}$$ (2.193)

$$c_F = \sqrt{\frac{2\gamma}{\gamma - 1} \left(\frac{2}{\gamma + 1} \right)^{(\gamma+1)/(\gamma-1)} \left[1 - \left(\frac{p_e}{p} \right)^{(\gamma-1)/\gamma} \right]} + \frac{A_e p_e - p_a}{A_t \quad p}$$ (2.194)

式中 u_e 是喷管出口气流速度, F 是推力, I_{sp} 是比冲, c^* 是燃烧室特征速度, c_F 是推力室推力系数。

(2) 接口类型及接口方程

推力室模块有两个入口接口 port3a, 其中入口接口 port3a a 连接氧化剂充填管道出口, 入口接口 port3a b 连接燃烧剂充填管道出口。

推力室模块的四个接口方程分别为

$$p_a = p$$ (2.195)

$$p_b = p$$ (2.196)

$$-q_a = q_{lo1}$$ (2.197)

$$-q_b = q_{lf1}$$ (2.198)

(3)模块名称及参数说明

表 2.12　ThrustChamber 模块

序号	参数符号	单位	说　明
1	l_1	m	燃烧室圆柱段长度
2	l_2	m	燃烧室渐缩段长度
3	d	m	燃烧室圆柱段内径
4	d_t	m	喷管喉部内径
5	d_e	m	喷管出口内径
6	b	m	燃烧室壁厚
7	a_1		氧化剂敏感时滞计算公式中的常数
8	a_2		氧化剂敏感时滞计算公式中的常数
9	a_3		燃烧剂敏感时滞计算公式中的常数
10	a_4		燃烧剂敏感时滞计算公式中的常数
11	taor	s	不变时滞
12	eta		燃烧效率
13	mu		喷管流量系数
14	epsilon		燃烧室外壁的黑度
15	lam	W/(m·K)	燃烧室壁的导热系数
16	m_{lora}	kg	燃烧室液体氧化剂质量额定值
17	m_{loin}	kg	燃烧室液体氧化剂质量初始值
18	m_{lfra}	kg	燃烧室液体燃烧剂质量额定值
19	m_{lfin}	kg	燃烧室液体燃烧剂质量初始值
20	k_{gra}		燃烧室燃气组元比额定值
21	k_{gin}		燃烧室燃气组元比初始值
22	k_{max}		燃烧室燃气组元比最大值
23	T_{ra}	K	燃烧室燃气温度额定值
24	T_{in}	K	燃烧室燃气温度初始值
25	p_{ra}	MPa	燃烧室燃气压强额定值
26	p_{in}	MPa	燃烧室燃气压强初始值

第三章　贮箱增压系统和单台推力器响应特性分析

根据第二章所建立的空间推进系统组件工作过程数学模型以及所编写的组件启动、稳态和关机过程 Modelica 程序,可以方便地组装每一类推力品种的推力器仿真系统。在仿真系统中输入该推力器相应的已知参数,如气瓶和减压阀结构参数、推进剂密度、管道直径及长度、推力室结构参数等,即可仿真出单台推力器诸如管道压强、流量、燃烧室压强、温度、组元比、推力等参数的响应特性,并在此基础上分析气瓶压强的影响、减压阀特性、充填与关机特性、推力器响应时间、燃烧室体积和喷管喉部内径的影响等。

3.1　气瓶压强的影响

该空间推进系统为恒压挤压式系统,如图2.1所示。

高压气瓶是空间推进系统中重要组件之一,其功能主要是为贮箱增压充气。在空间推进系统启动前,通过气瓶上的充气阀将压缩气体充入气瓶中,用压强表来监视气瓶中的压强。为了使气瓶和导管不因压强过高而破坏,在气瓶或导管上安装安全阀。在空间推进系统工作时,用减压器将气瓶流出的气体控制在给定压强,以挤压贮箱中的推进剂。这一系统能够保持贮箱压强恒定,但条件是气瓶压强必须满足一定的要求,下面通过仿真对其进行具体的分析。

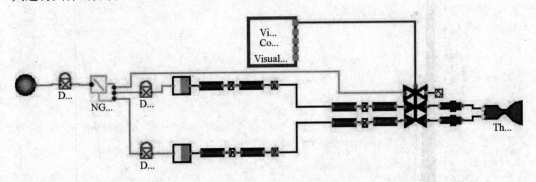

图3.1　大推力器的仿真系统

图3.1是单台大推力器的仿真系统,它包含气瓶模块、电爆阀模块、减压阀模块、贮箱模块、管道及孔板模块、电磁阀模块、充填管道模块、推力室模块和虚拟控制模块等。应用这一仿真系统,选择不同的气瓶压强,可以模拟减压阀工作参数的变化趋势,如图3.2和

图 3.3 所示。从图中知,当气瓶压强变小时,贮箱增压系统启动过程的减压阀出口压强颤振变小;当气瓶压强初始值大于 10.0MPa 时,对于单台大推力器而言,减压阀都能保证 10s 左右的稳定的出口气体压强;当气瓶压强初始值小于 5.0MPa 时,减压阀始终处于完全打开状态(即阀芯相对位移 $x/h_{max}=1.0$),此时减压阀失去调节能力,它不能保证贮箱所要求的气体压强。

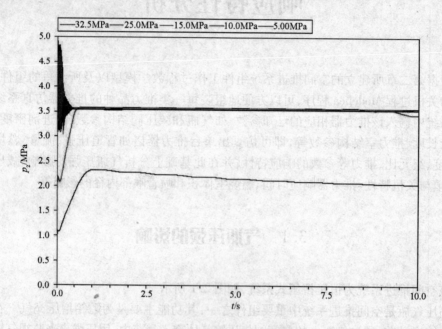

图 3.2 减压阀出口压强曲线

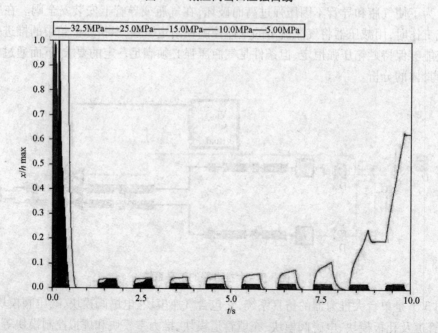

图 3.3 减压阀阀芯相对位移曲线

3.2 减压阀特性分析

同样采用图3.1所示的大推力器的仿真系统,改变减压阀粘性阻力系数、出口体积、阀芯位移、弹簧刚度、阀座内径和阀芯质量,基于时域内的仿真特性曲线,分析这些参数对减压阀的影响,为减压阀的设计提供参考信息。

3.2.1 粘性摩擦力的影响

在减压阀的结构设计中,既要考虑皮碗结构提供的干摩擦力影响,又要考虑阻力孔提供的粘性摩擦力作用。干摩擦力是速度的分段常数函数,当速度为正时,取值为负,反之亦然。当减压阀阀芯所受的弹簧力和气动力不能克服干摩擦力时,阀芯会停止运动,因此干摩擦力取值必须适中,过大会导致减压阀不稳定,过小则不起作用。由于材料和结构的限制,干摩擦力的取值一般难以确定,并且随环境和时间而改变,这样会导致减压阀工作不稳定。相比之下,粘性摩擦力取值易于确定,并且是稳定的。因此在减压阀的设计中应尽量减小干摩擦力的影响,合理调整粘性摩擦力的作用。

从图3.4和图3.5可知,在粘性摩擦系数介于 $0.0 \sim 10.0$ 之间,改变粘性摩擦系数对本项目所研究的减压阀的出口压强和阀芯位移影响不大,这可能是由于气动力和弹簧力对阀芯的影响远远大于粘性摩擦力的影响所致。但在粘性摩擦系数大于 1000.0 以后,贮箱增压系统启动过程的减压阀出口压强的振动幅度明显变小,说明粘性摩擦系数变大,减压阀稳定性逐渐增加。

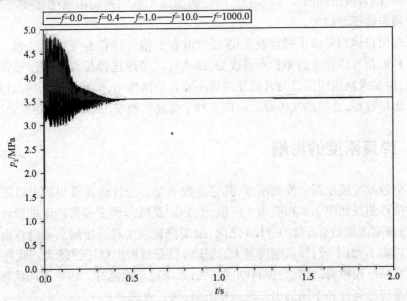

图 3.4 减压阀出口压强曲线

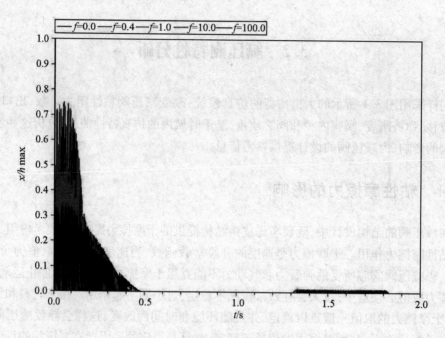

图 3.5　减压阀阀芯相对位移曲线

3.2.2　出口体积的影响

单独改变减压阀的出口体积,在其它参数不变的情况下,通过仿真获得的出口压强曲线和阀芯相对位移曲线如图 3.6 和图 3.7 所示,图中 V_2 是减压阀出口体积的设计体积。从图中可知,随着减压阀出口体积增加,减压阀出口压强的振动幅度明显变小,说明贮箱增压系统稳定性逐渐增加。

减压阀出口体积是减压阀容腔 2、连接管道和贮箱气体容腔等体积之和。由于减压阀容腔 2 和贮箱气体容腔的体积不易改变,那么可以考虑选择长而粗的连接管道来增加出口体积,但要求减压阀出口与管道连接处不能有节流作用,即要求减压阀出口直径应大于或等于出口管径,这样的气体管道结构有利于提高贮箱增压系统的稳定性。

3.2.3　弹簧刚度的影响

本节单独改变减压阀主弹簧刚度,其它参数不变。通过仿真获得的出口压强曲线和阀芯相对位移曲线如图 3.8 和图 3.9 所示,图中 c_2 是减压阀主弹簧刚度的设计值。从图中知,在弹簧刚度倍数介于 1.0～1.8 之间,改变弹簧刚度对减压阀启动过程出口压强的振动幅度影响不大;不过,弹簧刚度越大,减压阀稳态过程出口压强越大。此外文献[39]在分析其它减压阀时得出结论:弹簧刚度越大,系统稳定性越好。因此不同的弹簧刚度对应不同的系统稳定性和不同的出口压强稳态值,须折衷选择。

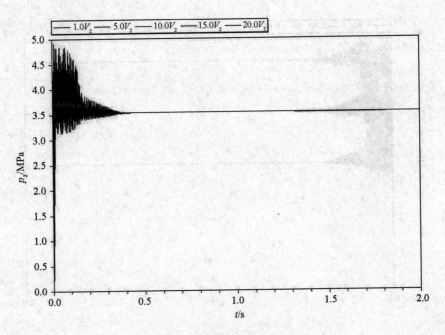

图3.6　减压阀出口压强曲线

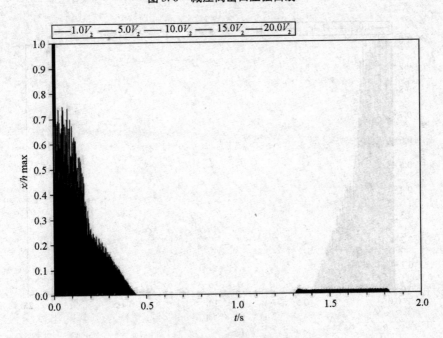

图3.7　减压阀阀芯相对位移曲线

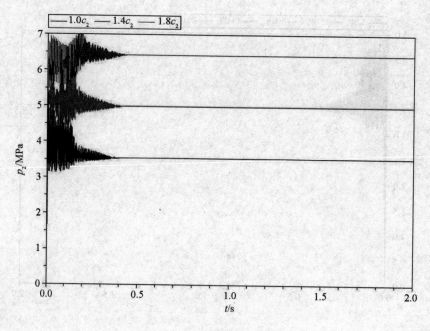

图 3.8　减压阀出口压强曲线

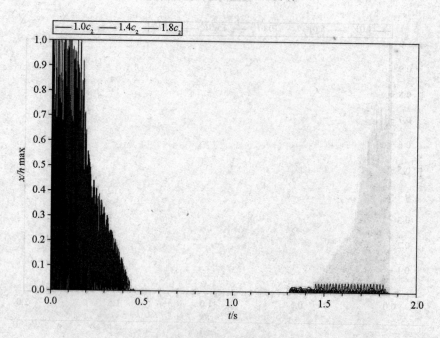

图 3.9　减压阀阀芯相对位移曲线

3.2.4　阀座内径的影响

单独改变减压阀阀座内径,其它参数不变。图 3.10 和图 3.11 绘出了几种不同阀座

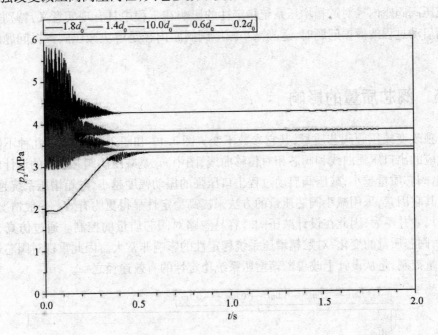

图 3.10　减压阀出口压强曲线

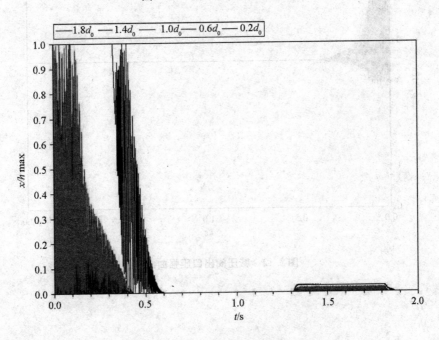

图 3.11　减压阀阀芯相对位移曲线

内径对应的出口压强曲线和阀芯相对位移曲线,图中 d_0 是减压阀阀座内径的设计值。从图中知,阀座内径越小,减压阀启动过程出口压强的振动幅度越小,贮箱增压系统越稳定。由于阀座内径越小,气体流动阻力越大,这样减压阀出口压强就会越小。因此若要增加系统稳定性又要维持出口压强不变,必须在减小阀座内径的同时增加阀芯开度。

减压阀阀座内径对贮箱增压系统稳定性的影响在工程中具有现实意义,特别是解决减压阀启动过程的颤振问题时,适当减小减压阀阀座内径是解决减压阀颤振问题的有效途径之一。

3.2.5 阀芯质量的影响

单独改变减压阀阀芯质量,其它参数不变。图 3.12 和图 3.13 绘出了几种不同阀芯质量对应的出口压强曲线和阀芯相对位移曲线,图中 m_t 是减压阀阀芯质量的设计值。从图中知,阀芯质量越小,减压阀启动过程出口压强的振动幅度越小,贮箱增压系统越稳定。相对于其它因素,采用减小阀芯质量的方法来提高稳定性显得更为有效。一般情况下,阀芯结构尺寸并不大,因此在设计减压阀时容易忽略对阀芯质量的控制。通过仿真分析可以看出,阀芯质量的变化,对贮箱增压系统稳定性的影响非常大。因此重视对阀芯运动组件的质量控制,是从设计上改善贮箱增压系统稳定性的有效途径之一。

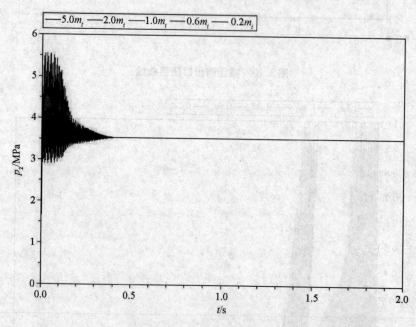

图 3.12 减压阀出口压强曲线

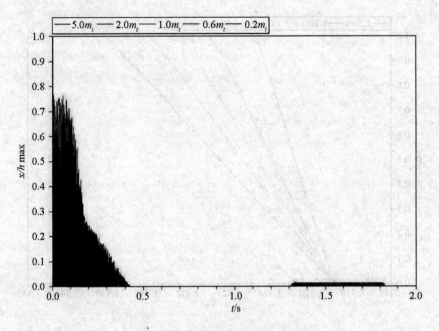

图 3.13　减压阀阀芯相对位移曲线

3.3　充填与关机过程特性分析

单台中推力器和单台小推力器的仿真系统与单台大推力器(图 3.1)的仿真系统类似,它们的贮箱增压系统和系统基本构成都是一样的,只是每种推力器的供应管道和推力室的结构参数(如管道内径和长度,喷管喉部内径和出口内径等)不一样。在供应系统管道充填与关机过程仿真时,空间推进系统工作程序设为 1.3s + 2 ×0.5s/0.5s("1.3s"表示第一个脉冲前的待机时间,"2"表示 2 个脉冲,第一个"0.5s"表示脉冲工作时间,第二个"0.5s"表示脉冲间隔时间);集液腔体积分别比它们各自的设计值变化 + 50.0% 、+ 20.0% 、- 20.0% 和 - 50.0% 。

在图 3.14 和图 3.15 中,相对体积(v/v_{ra})定义为某时刻推进剂在集液腔中的充填体积与集液腔体积之比。从这两图中知,集液腔体积越大,推进剂充填时间越长。图 3.16 和图 3.17 表明,改变集液腔体积对推力器的燃烧室压强与喷管燃气流量的稳态值几乎没有影响,这是由于集液腔是一个容腔,它的流动阻力可以忽略不记,改变它的尺寸虽然不会影响推力器的稳态工作状态,但会改变推力器的上升过程。在图 3.18 和图 3.19 中,相对长度(l/l_{ra})定义为某时刻推进剂在管道中的充填长度与管道长度之比。从图 3.18 和图 3.19 中知,对于推力器关机过程,由于没有气体的吹除作用,管道中只有一点推进剂被排出,其余大部分推进剂都停留在集液腔中,等待下次启动。不过,在实际应用中,如果喷管出口向下,在推进剂自身重力的作用下,残余部分也会慢慢流出集液腔。

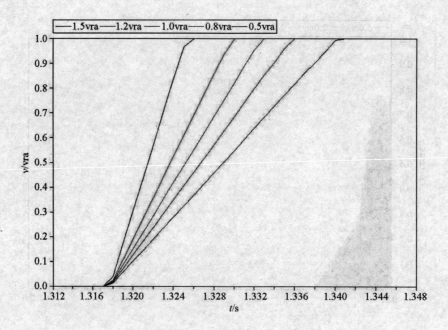

图 3.14   大推力器的氧化剂集液腔充填过程的相对体积曲线

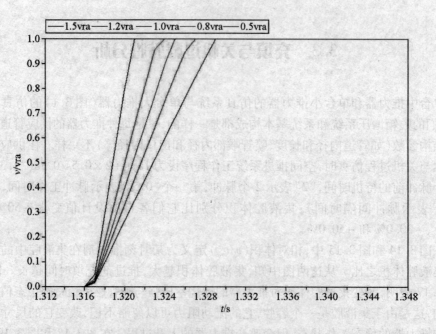

图 3.15   大推力器的燃烧剂集液腔充填过程的相对体积曲线

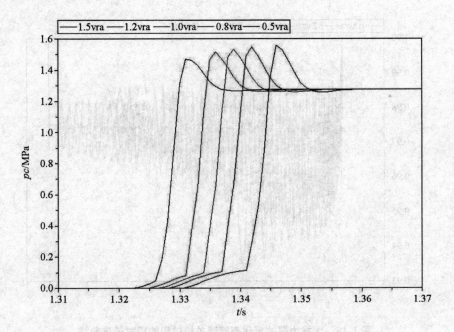

图 3.16　大推力器的燃烧室压强曲线

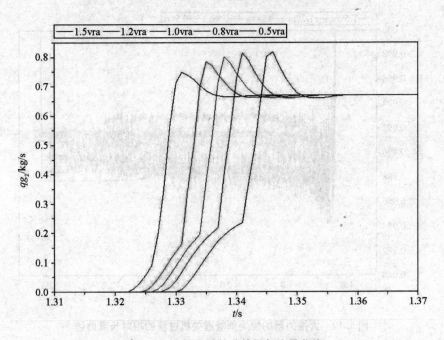

图 3.17　大推力器的喷管燃气流量曲线

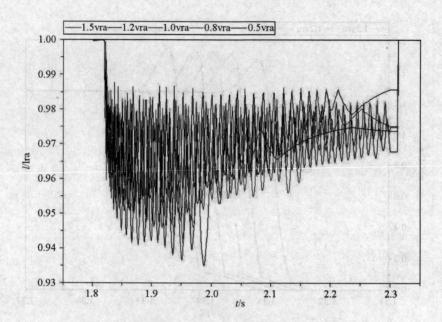

图 3.18　大推力器的氧化剂管道关机过程的相对长度曲线

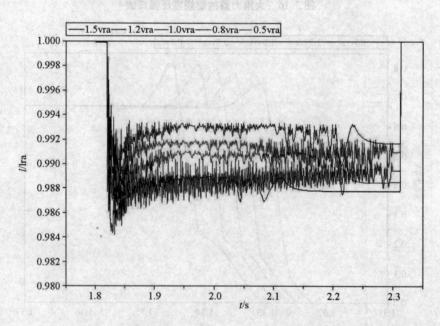

图 3.19　大推力器的燃烧剂管道关机过程的相对长度曲线

3.4　燃烧室体积和喷管喉部内径的影响

图 3.20 ~ 图 3.23 分别是大推力器、中推力器 I 型、中推力器 II 型和小推力器的燃烧室体积变化时的燃烧室压强曲线,图中 V_c 是燃烧室体积的设计值。仿真时,各推力器工作程序为 1.3s + 2 × 0.5s/0.5s;燃烧室体积分别比其设计值 V_c 增大了 3 倍、7 倍、11 倍和 15 倍。从这四个图中知,在各推力器启动过程中,随着燃烧室体积的增大,燃烧室压强上升响应时间加长。这是因为,在本书所建立的数学模型中,假设推进剂雾化、加热、蒸发、扩散、湍流混合和化学反应过程在一个燃烧时滞内完成,燃烧室压强上升的快慢主要受到燃烧室体积的影响,当燃烧室体积增大时,压强上升响应时间变长。推力器关机过程与其启动过程类似,随着燃烧室体积的增大,燃烧室压强下降响应时间也加长。

图 3.24 ~ 图 3.27 是喷管喉部内径变化时燃烧室压强曲线,图中 d_t 是喷管喉部内径的设计值。仿真时,各推力器工作程序为 1.3s + 2 × 0.5s/0.5s;喷管喉部内径分别比其设计值变化了 -20.0%、-40.0%、-50.0%、-60.0% 和 -70.0% 等。由仿真结果可知:在启动过程中,喷管喉部内径越小,燃烧室压强振荡越剧烈,超调量越大,且稳定后燃烧室压强增大;在关机过程,喷管喉部内径越大,燃烧室压强下降时间越长;在稳态过程,当喷管喉部内径小于某一值(各类推力器的取值情况不一样)以后,燃烧室压强出现了低频振荡,这是空间推进系统研制中应避免出现的情况。

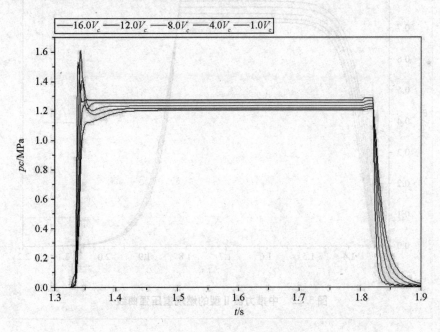

图 3.20　大推力器的燃烧室压强曲线

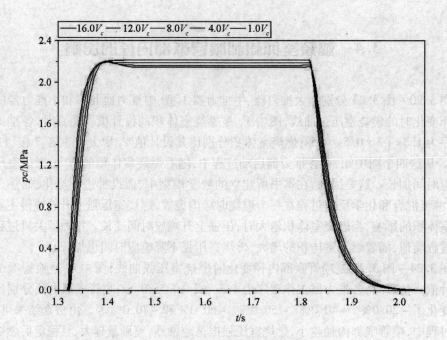

图 3.21　中推力器Ⅰ型的燃烧室压强曲线

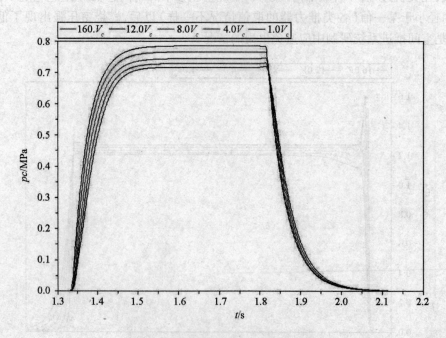

图 3.22　中推力器Ⅱ型的燃烧室压强曲线

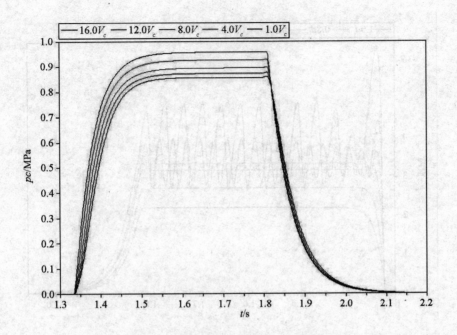

图 3.23 小推力器的燃烧室压强曲线

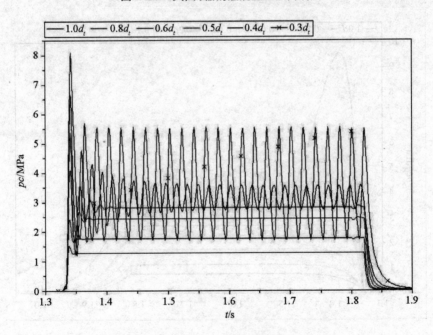

图 3.24 大推力器的燃烧室压强曲线

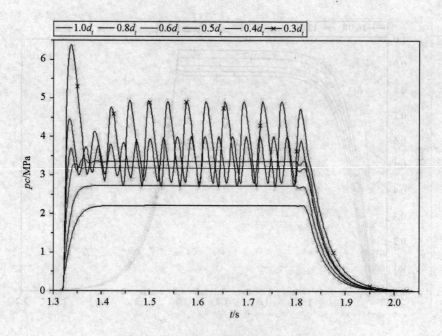

图 3.25　中推力器 I 型的燃烧室压强曲线

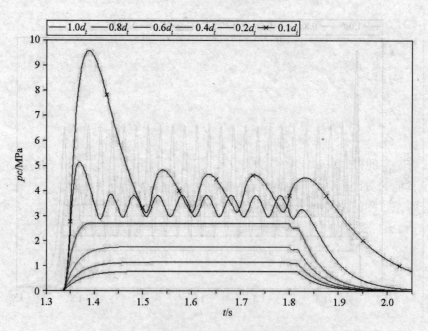

图 3.26　中推力器 II 型的燃烧室压强曲线

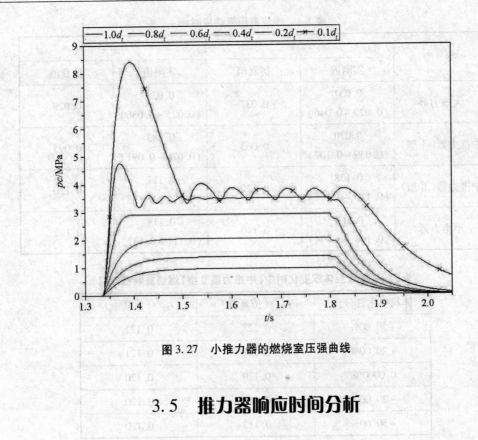

图 3.27　小推力器的燃烧室压强曲线

3.5　推力器响应时间分析

空间推进系统瞬态过程的响应时间主要包括起动加速时间 t_{90} 和关机减速时间 t_{10}，其中 t_{90} 定义为电磁阀通电至室压或推力上升至其稳态值 90% 的时间，t_{10} 定义为电磁阀断电至室压或推力下降至其稳态值 10% 的时间。

表 3.1 是空间推进系统正常工作状态时燃烧室压强响应时间，从表中响应时间的实测值与仿真值的对比可以看出，仿真值基本分布在实测值范围之内，说明本书所建的空间推进系统瞬态过程的数学模型基本正确。

表 3.2 说明在集液腔体积增加时，由于需要更多的推进剂才能充满集液腔，使得推力器第一次起动加速时间变长；而关机时由于集液腔中推进剂几乎没有被排除，引起关机减速时间变化很小。表 3.3 说明在燃烧室体积增大时，由于燃烧室压强的导数与燃烧室体积成反比，使得推力器起动加速时间和关机减速时间都变长。

表 3.1　燃烧室压强响应时间

类　型	t_{90}/s		t_{10}/s	
	实测值	仿真值	实测值	仿真值
大推力器	0.037 (0.029~0.046)	0.037	0.028 (0.025~0.030)	0.029
中推力器（Ⅰ型）	0.070 (0.059~0.107)	0.063	0.083 (0.076~0.091)	0.095
中推力器（Ⅱ型）	0.128 (0.110~0.141)	0.120	0.117 (0.099~0.138)	0.120
小推力器	0.169 (0.144~0.394)	0.140	0.118 (0.111~0.137)	0.132

表 3.2　集液腔体积变化时中(中推力器Ⅱ型)燃烧室响应时间

体积变化百分比	t_{90}/s(仿真值)	t_{10}/s(仿真值)
+50.00%	0.128	0.121
+20.00%	0.124	0.121
0.0000%	0.120	0.120
−20.00%	0.116	0.120
−50.00%	0.112	0.120

表 3.3　中推力器Ⅱ型燃烧室体积变化时响应时间

体积变化百分比	t_{90}/s(仿真值)	t_{10}/s(仿真值)
+1500.0%	0.137	0.136
+1100.0%	0.132	0.130
+700.00%	0.127	0.125
+300.00%	0.123	0.121
0.00000%	0.120	0.120

第四章 耦联多推力器工作过程
响应特性分析

　　本章对图 2.1 所示的液路耦联空间推进系统进行响应特性分析,利用第二章所构造的空间推进系统工作过程数学模型,采用 Modelica 语言编制了空间推进系统(包含 17 台推力器)的仿真软件,如图 4.1 所示。假设贮箱增压系统中电爆阀在开始时刻就通电打开,而各推力器电磁阀的开关动作受虚拟控制器模块输出的信号控制。

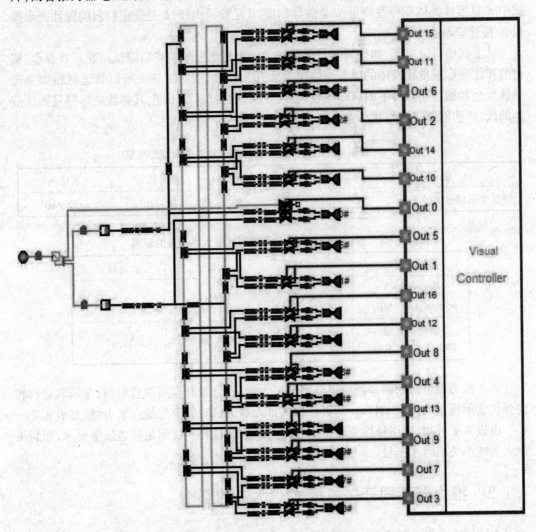

图 4.1　空间推进系统的仿真软件

4.1　水击特性分析

4.1.1　管道材料的弹性变形模量对水击量的影响

由于阀突然开关造成的推进剂压强水击量与管道中的流体声速成正比关系,因此减小流体声速就可降低水击量。考虑管道的结构特性和压缩性,管道中流体声速的计算公式可表示为[7]:

$$a = \sqrt{\frac{K}{\rho}} \bigg/ \sqrt{1 + \frac{Kd}{Eb}} \tag{4.1}$$

式中 K 是液体的体积弹性模量, ρ 是液体密度, d 是管道内径, E 是管道材料的弹性变形模量, b 是管壁厚度。

从上式中可以看到,如果减小管道材料的弹性变形模量就可以降低声速。钛合金、钢材的弹性变形模量比液体的体积弹性模量大几个量级(见表4.1),所以管道材料如果选择钛合金和钢材则液体中的声速比较大;而金属软管材料则不同,其弹性变形模量要比液体的低,从而能够极大地减小液体中的声速。

表 4.1　管道材料的弹性变形模量与液体的体积弹性模量

材　料	钢	钛合金	金属软管	氧化剂
弹性变形模量 E(MPa)	2.06×10^5	1.02×10^5	$10^2 \sim 10^3$	1.52×10^3

表 4.2　管道材料的弹性变形模量对最大水击量的影响

材　料	钢	钛合金	金属软管
燃烧剂管道 最大水击量(MPa)	29.18	28.45	7.78
氧化剂管道 最大水击量(MPa)	37.18	36.59	11.69

将大推力器电磁阀前一段管道分别替换为钢、钛合金和金属软管材料,金属软管材料的弹性变形模量取为500MPa。仿真得出大推力器关机时管道的最大水击量,见表4.2。

由表4.2可知,采用弹性变形模量小的金属软管材料不仅满足管道强度要求,而且可以大大减小关机时水击量。

4.1.2　推力器不同开关机模式对水击的影响

在液体火箭发动机启动、关机过程中,由于启动阀和断流阀的开、关机时间很短,推进剂供应系统内会出现比较严重的水击。水击不仅可能对推力器结构造成损坏,还会影响通过液路耦联的多推力器的动态性能。空间推进系统需要多次开、关机及连续打脉冲,其中某些推力器开、关机时的水击就会影响其它推力器的工作性能,从而影响空间飞行器的轨道控制。

为了对比空间推进系统在不同工作模式下的响应特性,本节选取了两种开关机模式。模式 1:0# 推力器的工作程序为 1.5s + 1 × 0.5s/2.0s;1～16# 推力器的工作程序为 1.3s + 1 × 1.0s/1.7s。模式 2:0# 推力器的工作程序为 1.3s + 1 × 2.7s/0.0s;1～4# 推力器的工作程序为 1.3s + 1 × 0.5s/2.2s;9～12# 推力器的工作程序为 1.3s + 1 × 1.0s/1.7s;5～8#、13～16# 推力器的工作程序为 1.3s + 1 × 1.5s/1.2s。模式 1 是为了研究大推力器(0#)开关对其它推力器(1～16#)响应特性的影响;模式 2 是为了研究中推力器 I 型(1～4#)、中推力器 II 型(9～12#)和小推力器(5～8# 和 13～16#)分别在不同时刻关机时对其它推力器响应特性的影响。

4.1.2.1　模式 1 对推力器水击特性的影响

从图 4.1 可以看出:(1)由氧化剂及燃烧剂主管道压强曲线可知:大推力器关机时所诱发的主管道水击量比其它推力器同时关机所诱发的主管道水击量大,但是水击波动衰减快;氧化剂主管道的水击量比燃烧剂主管道的水击量大;其中大推力器关机时所诱发的氧化剂主管道水击压强峰值为额定值的 1.40 倍,燃烧剂主管道水击压强峰值为额定值的 1.23 倍;而其它推力器同时关机所诱发的氧化剂主管道水击压强峰值为额定值的 1.11 倍,燃烧剂主管道水击压强峰值为额定值的 1.08 倍。(2)中推力器 II 型关机时所诱发的分支管道水击量最大,大推力器次之,然后是中推力器 I 型,小推力器关机时所诱发的水击量最小。其中大推力器氧化剂管道水击压强峰值为额定值的 2.19 倍,燃烧剂管道水击压强峰值为额定值的 2.21 倍;中推力器 I 型氧化剂管道水击压强峰值为额定值的 2.1 倍,燃烧剂管道水击压强峰值为额定值的 1.77 倍;中推力器 II 型氧化剂管道水击压强峰值为额定值的 2.80 倍,燃烧剂管道水击压强峰值为额定值的 2.22 倍;小推力器氧化剂管道水击压强峰值为额定值的 1.80 倍,燃烧剂管道水击压强峰值为额定值的 1.48 倍;(3)大推力器先关机,导致其它推力器燃烧室压强曲线、氧化剂和燃烧剂管道压强曲线均出现波动,其中中推力器 I 型的燃烧室压强变化 -6.66%,中推力器 II 型的燃烧室压强变化 -5.19%,小推力器的燃烧室压强变化 -5.21%。

4.1.2.2　模式 2 对推力器水击特性的影响

从图 4.2 可以看出:(1)中推力器 I 型、中推力器 II 型和小推力器分别在不同时刻关机所诱发的水击量要比它们同时关机时所诱发的水击量小得多。(2)某一推力器关机会引起其它推力器燃烧室压强、氧化剂和燃烧剂管道压强波动,其中中推力器 II 型关机诱发的波动最大,中推力器 I 型次之,小推力器关机诱发的波动最小;(3)推力器自身关机所诱发的水击量比其它推力器关机所诱发的水击量大。

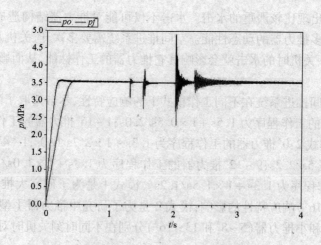

（a）氧化剂及燃烧剂主管道压强曲线

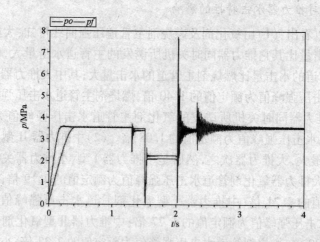

（b）大推力器氧化剂及燃烧剂管道压强曲线

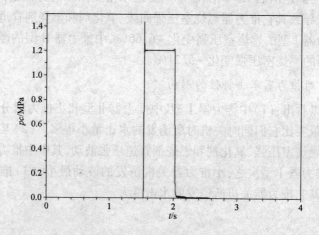

（c）大推力器燃烧室压强曲线

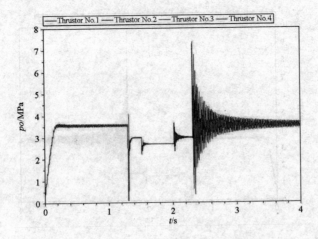

(d)中推力器 I 型氧化剂管道压强曲线

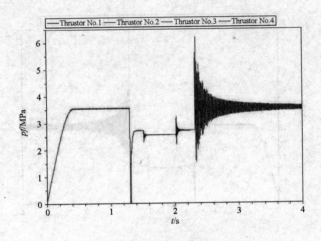

(e)中推力器 I 型燃烧剂管道压强曲线

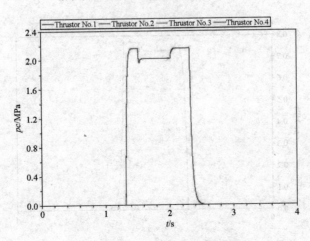

(f)中推力器 I 型燃烧室压强曲线

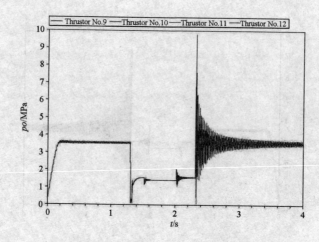

（g）中推力器Ⅱ型氧化剂管道压强曲线

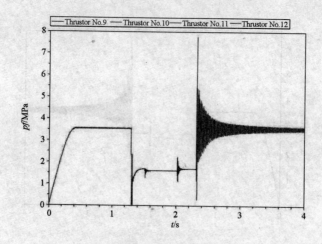

（h）中推力器Ⅱ型燃烧剂管道压强曲线

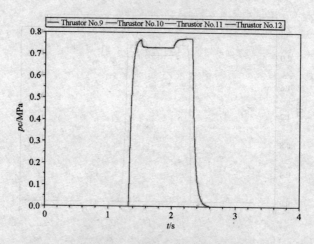

（i）中推力器Ⅱ型燃烧室压强曲线

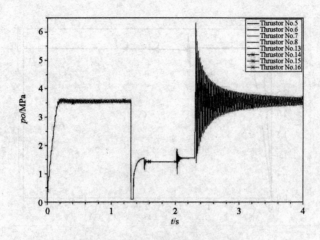

(j)小推力器氧化剂管道压强曲线

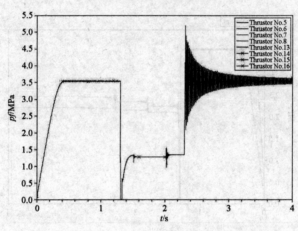

(k)小推力器燃烧剂管道压强曲线

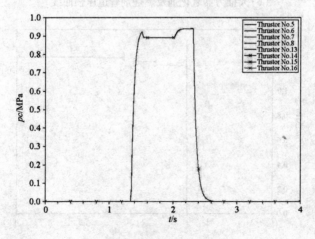

(1)小推力器燃烧室压强曲线

图 4.1　模式 1 对推力器水击特性的影响

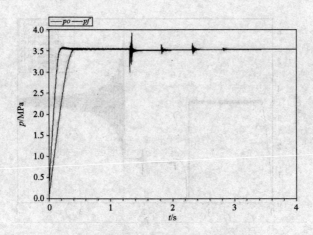

（a）氧化剂及燃烧剂主管道压强曲线

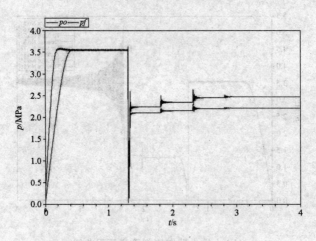

（b）大推力器氧化剂及燃烧剂管道压强曲线

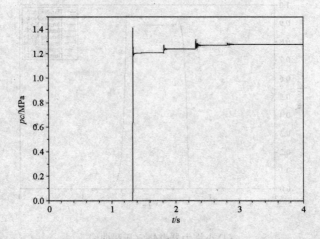

（c）大推力器燃烧室压强曲线

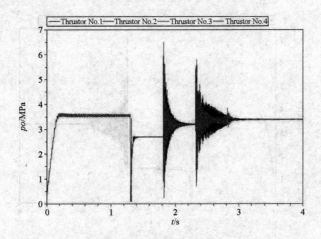

(d)中推力器 I 型氧化剂管道压强曲线

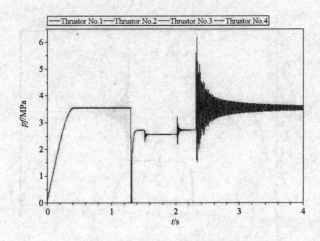

(e)中推力器 I 型燃烧剂管道压强曲线

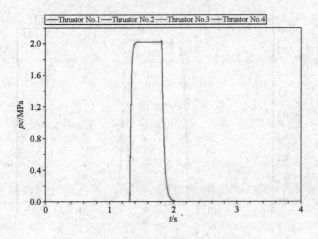

(f)中推力器 I 型燃烧室压强曲线

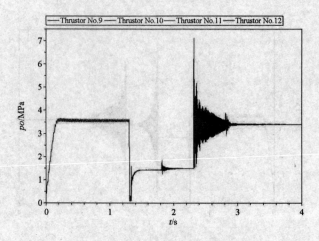

（g）中推力器Ⅱ型氧化剂管道压强曲线

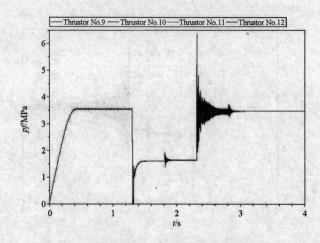

（h）中推力器Ⅱ型燃烧剂管道压强曲线

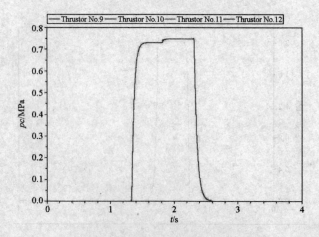

（i）中推力器Ⅱ型燃烧室压强曲线

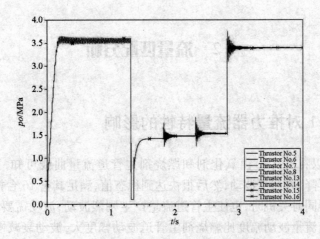

（j）小推力器氧化剂管道压强曲线

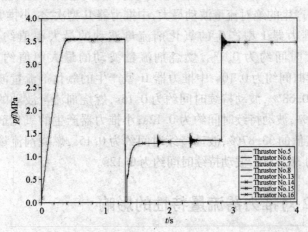

（k）小推力器燃烧剂管道压强曲线

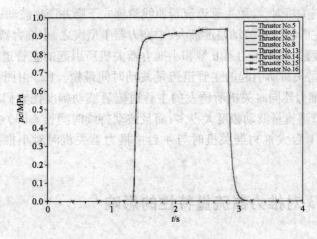

（l）小推力器燃烧室压强曲线

图 4.2　模式 2 对推力器水击特性的影响

4.2　流量匹配分析

4.2.1　模式 1 对推力器流量特性的影响

从图 4.3 可以看出:(1)由氧化剂和燃烧剂主管道流量曲线可知,当大推力器关机时,主管道流量下降,并产生波动,然后很快达到稳态值,满足其它 16 台推力器流量要求;其它 16 台推力器同时关机时,也使主管道流量产生剧烈波动,波动需要很长时间达到稳定;氧化剂主管道流量波动幅度比燃烧剂主管道波动幅度大,波动衰减慢,而且持续时间长。(2)由图 4.3(c)~4.3(h)可知,大推力器关机时使其它推力器流量曲线均产生波动。其中中推力器 I 型产生的绝对流量波动最大,中推力器 II 型次之,小推力器产生的绝对流量波动最小。中推力器 I 型产生的氧化剂流量波动的最大幅值约占流量额定值的36.68%,波动持续时间约为 0.13s,燃烧剂流量波动的最大幅值约占流量额定值的37.28%,波动持续时间约为 0.10s;中推力器 II 型产生的氧化剂流量波动的最大幅值约占流量额定值的20.68%,波动持续时间约为 0.15s,燃烧剂流量波动的最大幅值约占流量额定值的20.99%,波动持续时间约为 0.12s;小推力器产生的氧化剂流量波动的最大幅值约占流量额定值的33.87%,波动持续时间约为 0.15s,燃烧剂流量波动的最大幅值约占流量额定值的30.33%,波动持续时间约为 0.12s。

4.2.2　模式 2 对推力器流量特性的影响

从图 4.4 可以看出:(1)由图 4.4(a)可知,当中推力器 I 型、中推力器 II 型和小推力器分别在不同时刻关机时,导致主管道流量曲线阶梯式下降并产生波动;其中中推力器 II 型关机所引起的主管道流量波动幅度最大,中推力器 I 型次之,小推力器关机所引起的主管道流量波动幅度最小;中推力器 II 型和小推力器关机所引起的主管道流量波动时间最长,而中推力器 I 型关机所引起的主管道流量波动时间最短。(2)由图 4.3(a)与图 4.4(a)比较可知,多推力器同时关机所诱发的主管道流量波动幅度比它们在不同时间分别关机所诱发的主管道流量波动幅度大得多,而且波动持续时间长。(3)由图 4.3(g)与图4.4(g)比较可知,1 台大推力器关机时与 4 台中推力器关机时对小推力器流量的影响接近。

4.2.3　模式 3 对推力器流量特性的影响

模式 3 表示为:0# 推力器(大推力器)的工作程序为 1.5s + 1 × 0.5s/2.0s;1# 推力器(中推力器 I 型)的工作程序为 2.5s + 1 × 0.5s/1.0s;5# 推力器(小推力器)的工作程序为1.0s + 1 × 2.5s/0.5s;2~4#、6~16# 推力器的工作程序为 0.0s + 0.0s/∞ s。从图 4.5 中可

知,大推力器关机所诱发的小推力器氧化剂流量波动的最大幅值约占其额定值的
40.33%,而中推力器Ⅰ型关机所诱发的小推力器氧化剂流量波动的最大幅值约占其额定
值的22.73%,因此推力较小(干扰小)的推力器关机时对其它推力器流量的影响比推力
较大的推力器的影响小。

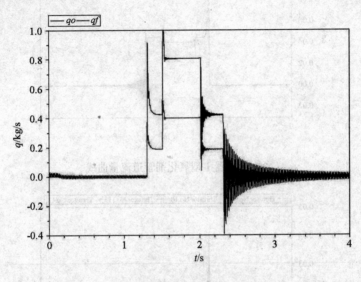

(a)氧化剂及燃烧剂主管道流量曲线

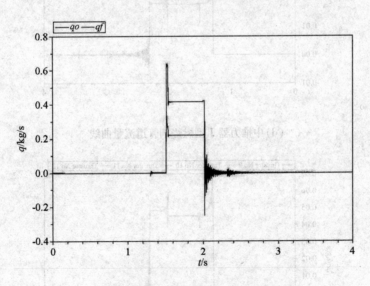

(b)大推力器氧化剂及燃烧剂管道流量曲线

第，火箭发动机工作过程中流量曲线出现振荡现象，振幅最大为，此现象前期曲线
从1.25s时间始，持续到大约2.25s然后趋于平稳。由图分析可知，流量曲线振荡幅值为
0.03~2.5%，此阶段流量曲线处于平稳状态，波动幅值低于此值区间，流量曲线出现了
较大的波动范围的波动。

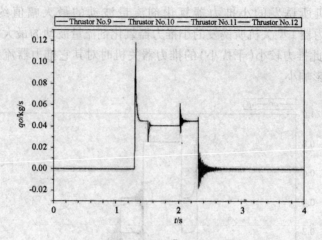

(c)中推力器Ⅰ型氧化剂管道流量曲线

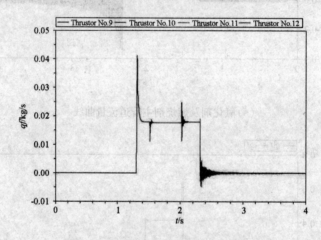

(d)中推力器Ⅰ型燃烧剂管道流量曲线

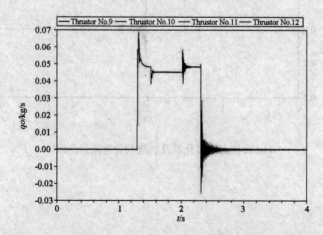

(e)中推力器Ⅱ型氧化剂管道流量曲线

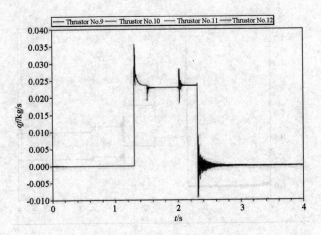

（f）中推力器Ⅱ型燃烧剂管道流量曲线

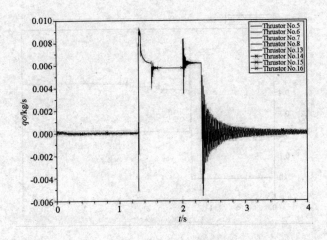

（g）小推力器氧化剂管道流量曲线

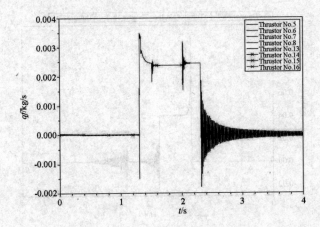

（h）小推力器燃烧剂管道流量曲线

图4.3　模式1对推力器流量的影响

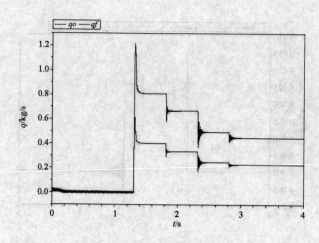

(a)氧化剂及燃烧剂主管道流量曲线

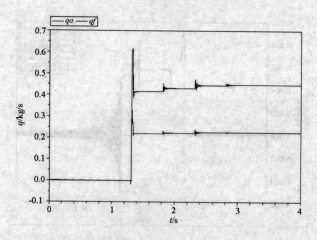

(b)大推力器氧化剂及燃烧剂管道流量曲线

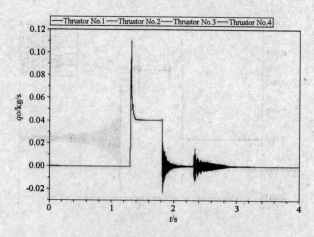

(c)中推力器I型氧化剂管道流量曲线

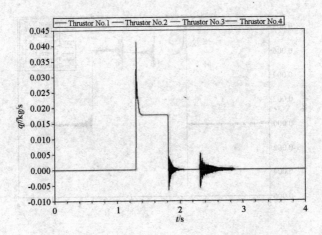

(d)中推力器Ⅰ型燃烧剂管道流量曲线

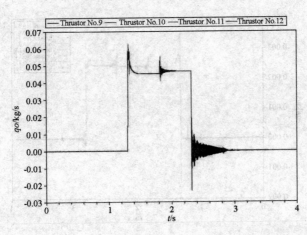

(e)中推力器Ⅱ型氧化剂管道流量曲线

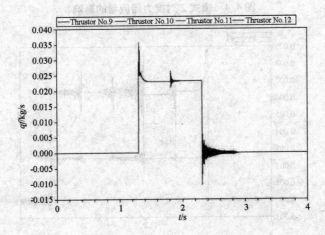

(f)中推力器Ⅱ型燃烧剂管道流量曲线

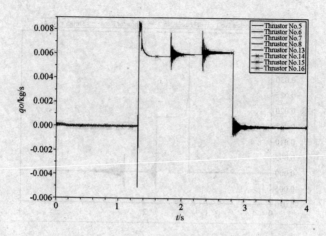

（g）小推力器氧化剂管道流量曲线

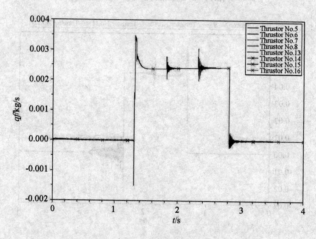

（h）小推力器燃烧剂管道流量曲线

图4.4　模式2对推力器流量的影响

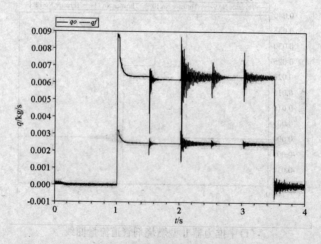

图4.5　模式3对小推力器氧化剂及燃烧剂管道流量的影响

4.3 脉冲程序分析

双组元小推力空间推进系统已在运载火箭及航天器上广泛应用,在特定空间工作环境中为其姿态控制、轨道修正与转移等提供控制力、控制力矩和小的推力。其脉冲工作性能直接影响航天器轨道控制。本节研究了大、中(Ⅰ型)、中(Ⅱ型)和小推力器在不同脉冲程序下的工作特性。

图 4.6~4.9 中仿真了大、中(Ⅰ型)、中(Ⅱ型)和小推力器的 15 种不同脉冲程序(包括 400ms/400ms、300ms/300ms、200ms/200ms、100ms/100ms、80ms/100ms、60ms/100ms、40ms/100ms、20ms/100ms、80ms/80ms、70ms/70ms、60ms/60ms、50ms/50ms、40ms/40ms、30ms/30ms 和 20ms/20ms)的响应特性。

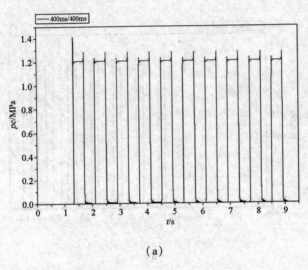

(a)

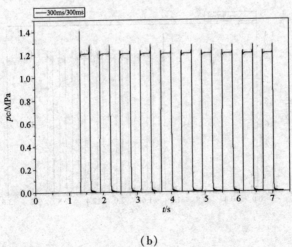

(b)

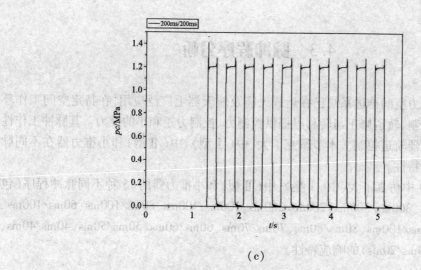

(c)

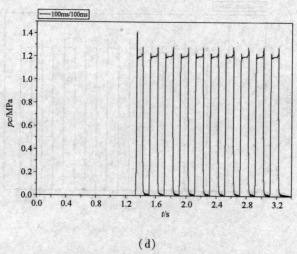

(d)

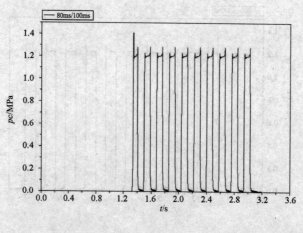

(e)

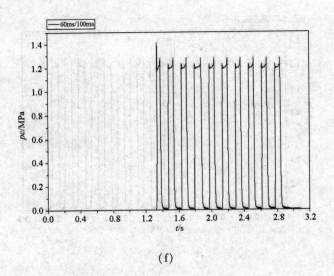

（f）

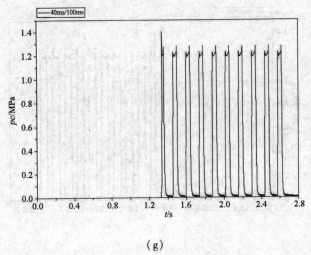

（g）

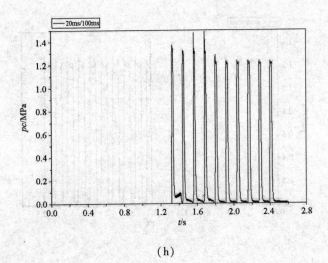

（h）

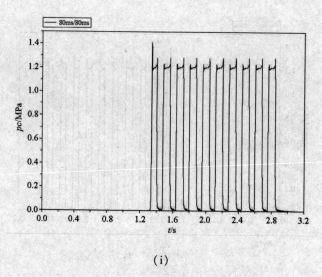

(i)

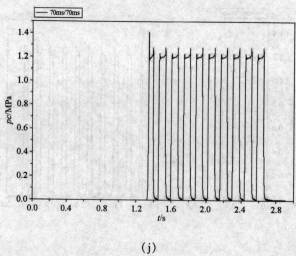

(j)

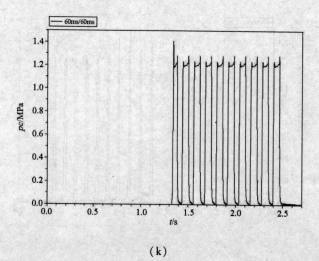

(k)

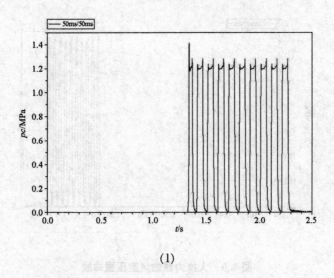

(1)

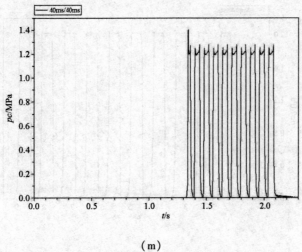

（m）

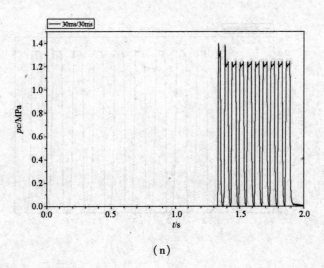

（n）

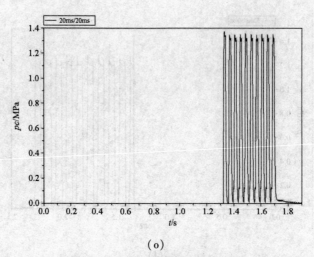

（o）

图 4.6　大推力器燃烧室压强曲线

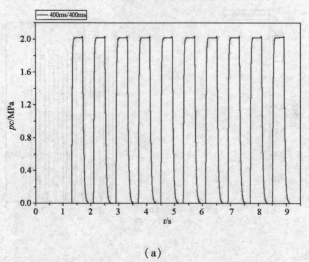

（a）

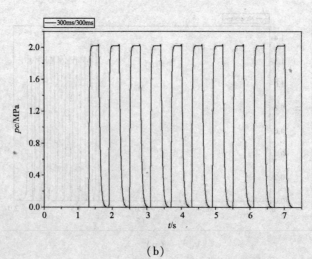

（b）

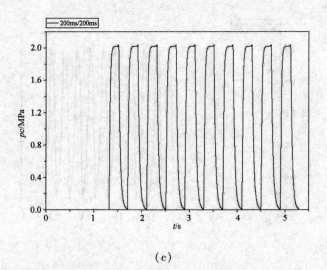

（c）

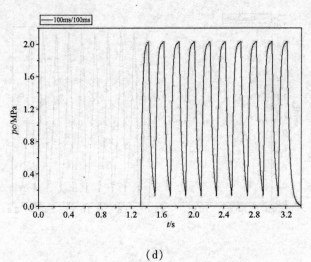

（d）

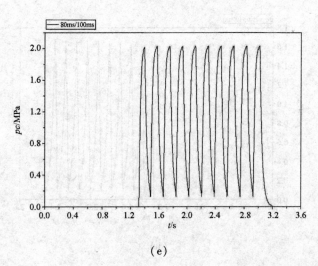

（e）

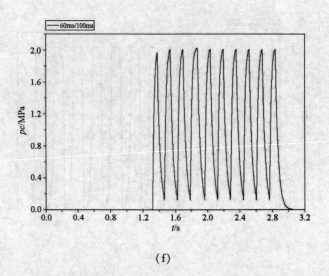

（f）

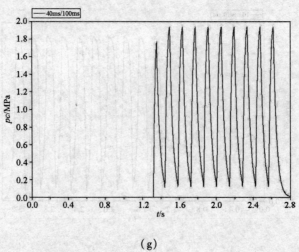

（g）

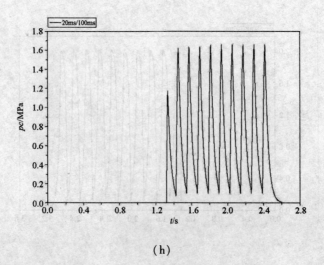

（h）

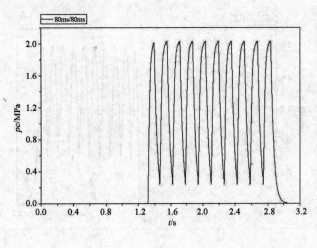

(i)

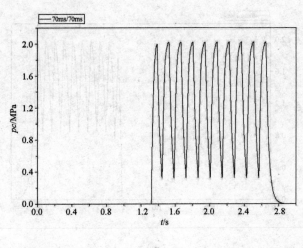

(j)

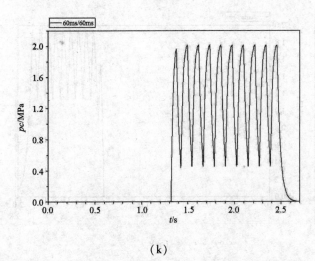

(k)

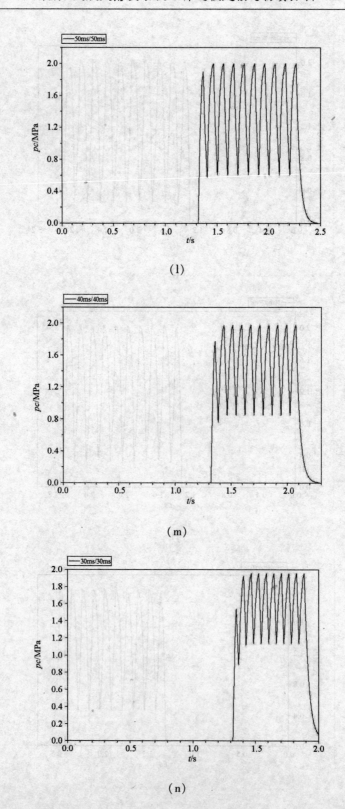

（1）

（m）

（n）

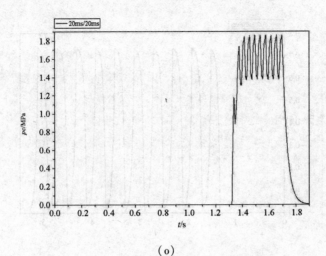

（o）

图 4.7　中推力器 I 型燃烧室压强曲线

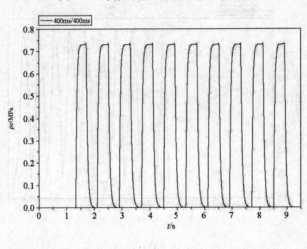

（a）

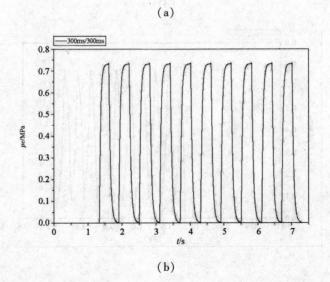

（b）

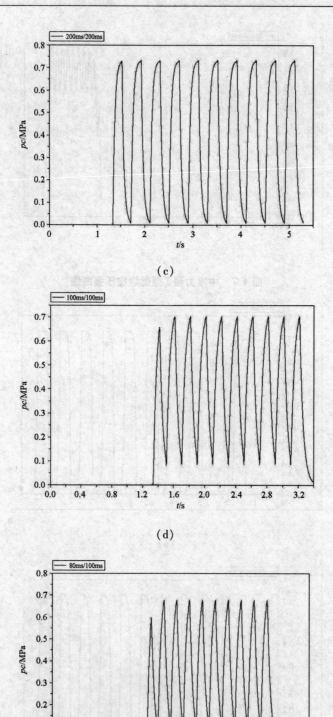

（c）

（d）

（e）

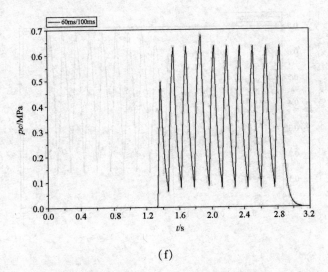

（f）

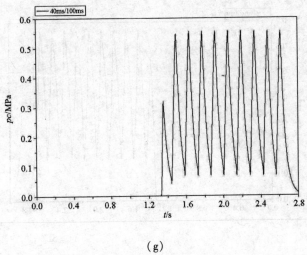

（g）

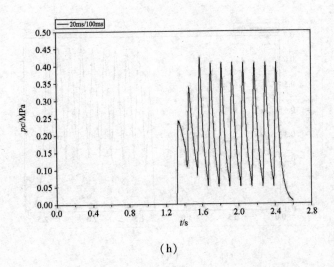

（h）

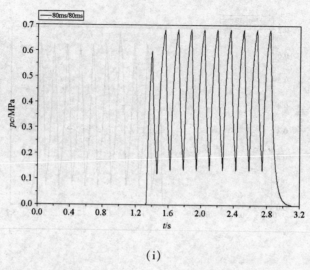

（i）

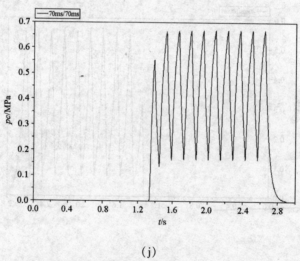

（j）

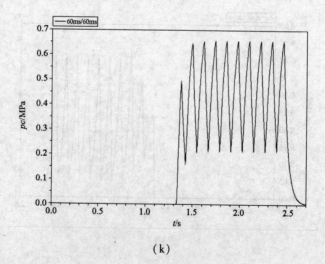

（k）

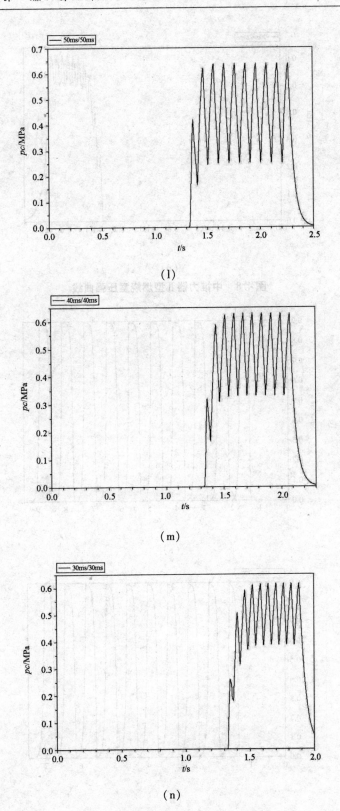

(1)

(m)

(n)

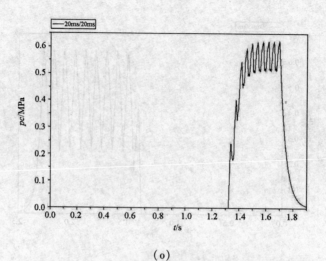

（o）

图 4.8　中推力器 II 型燃烧室压强曲线

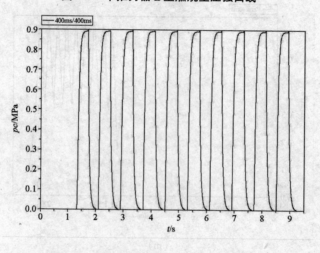

（a）

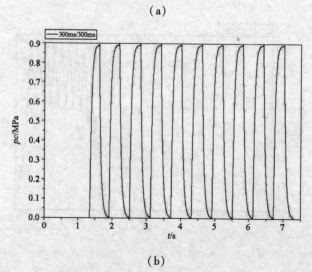

（b）

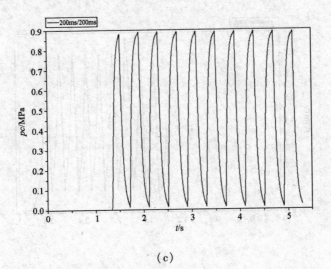

（c）

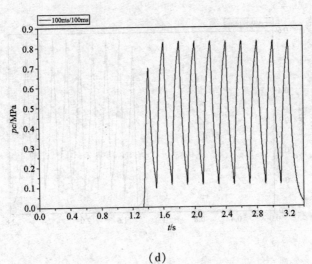

（d）

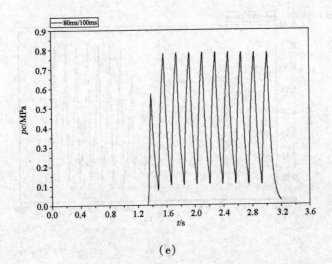

（e）

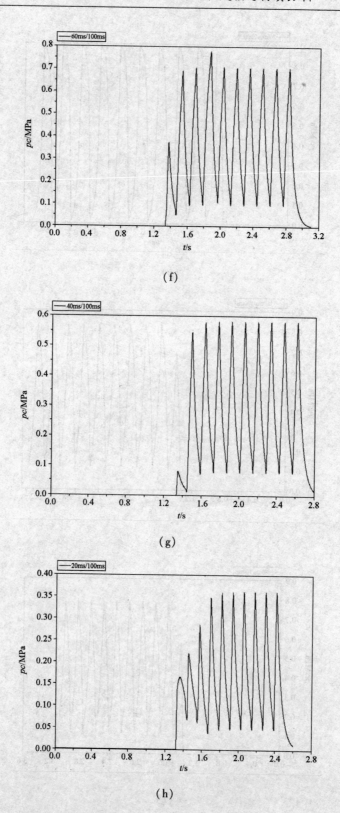

(f)

(g)

(h)

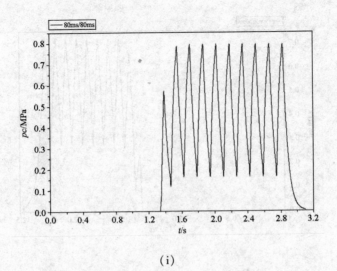

（i）

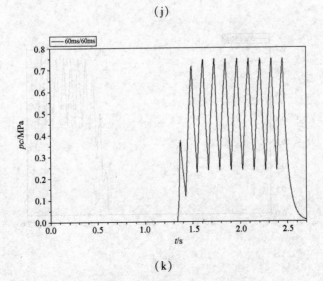

（j）

（k）

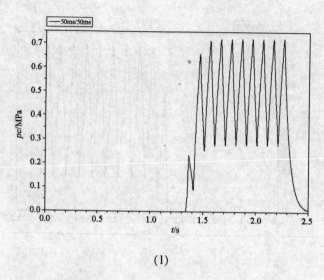

（1）

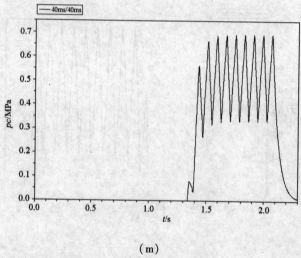

（m）

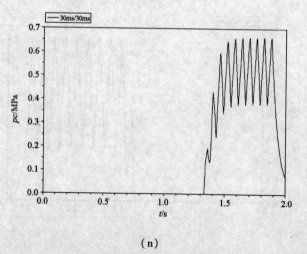

（n）

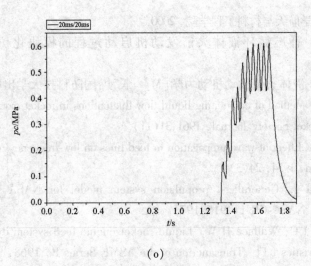

(o)

图4.9　小推力器燃烧室压强曲线

从图4.6~4.9中可知:(1)由于大推力器本身所具有的快速响应特性,使得它的脉冲程序能在较宽的范围内进行设计,比如从400ms/400ms、300ms/300ms一直延伸到30ms/30ms、20ms/20ms,大推力器都能正常工作;(2)对于中推力器Ⅰ型,当其脉冲工作时间大于40ms并且脉冲间隔时间大于100ms时,它都能正常工作,而当其脉冲程序为40ms/40ms、30ms/30ms和20ms/20ms,中推力器Ⅰ型的燃烧室压强只降低到最大值的56%以上,这样它处于高位振荡状态;(3)对于中推力器Ⅱ型,当其脉冲时间大于60ms并且脉冲间隔时间大于100ms时,它都能正常工作,而当其脉冲程序为40ms/40ms、30ms/30ms和20ms/20ms,中推力器Ⅱ型的燃烧室压强只降低到最大值的47%以上,它也处于高位振荡状态;(4)对于小推力器,当其脉冲时间大于80ms并且脉冲间隔时间大于100ms时,它都能正常工作,而当其脉冲程序为40ms/40ms、30ms/30ms和20ms/20ms,小推力器的燃烧室压强只降低到最大值的52%以上,它同样处于高位振荡状态。

第一篇参考文献

[1]　D. K. 休泽尔,等. 液体火箭发动机现代工程设计[M]. 朱宁昌,等,译. 北京:中国宇航出版社, 2004.

[2]　刘红军. 补燃循环发动机静态特性与动态响应特性研究[D]. 西安:中国航天科技集团公司第六研究院, 1998.

[3]　Binder M. A transient model of the RL10A-3-3A rocket engine [C]//Proceeding of 31st Joint Propulsion Conference and Exhibit, AIAA – 95 – 2968,1995.

[4]　Kanmuri A, Kanda T, Wakamatsu Y, et al. Transient analysis of LOX/LH2 rocket engine [C]//Proceedings of 25th Joint Propulsion Conference, AIAA – 89 – 2736,1989.

[5]　王新建, 王楠,等. DaFY111 – 1a 发动机发生器 – 涡轮泵联试起动过程仿真研究[R].

· 105 ·

国防科技大学航天与材料工程学院, 2000.

[6] 黄敏超,等. 补燃循环液体火箭发动机启动过程的模块化仿真[J]. 推进技术, 2001.

[7] 曹泰岳,等. 液体火箭发动机动力学[M]. 长沙:国防科技大学出版社, 2004.

[8] Woods W A. Method of calculating liquid flow fluctuations in rocket motor supply pipes[J]. American rocket Society Journal, 1961,31(11).

[9] Saersky R H. Effect of wave propagation in feed lines on low-frequency rocketInstability[J]. Jet Propulsion, 1954, 24(3).

[10] Boehnlein J J. Generalized propulsion system model for NASA manned spacecraft center[J]. NASA-CR-114915,1971.

[11] Eschweiler J C, Wallace H W. Liquid rocket engine feed system dynamics by method of characteristics [J]. Transanction of the ASME Series B, 1968, 90(4).

[12] Walsh T H, Thompson P F. Characterization of attitude control propulsion system [R]. NASA, NASA-CR-115183,1971.

[13] 程谋森. 航天器推进系统管路充填过程动态特性(Ⅰ)理论模型与仿真结果 [J]. 推进技术, 2000.

[14] 程谋森. 航天器推进系统管路充填过程动态特性(Ⅱ)实验模拟与结果评估 [J]. 推进技术, 2000.

[15] 聂万胜. 姿控推进系统发动机关机的管路瞬变特性 [J]. 推进技术, 2003.

[16] 张黎辉,等. 航天器推进系统发动机动态特性研究 [J]. 航空动力学报, 2004.

[17] Molinsky J. Water hammer test of the seastar hydrazine propulsion systerm [C]// Proceedings of 33rd Joint Propulsion Conference and Exhibit, AIAA - 97 - 3226, 1997.

[18] Prickett R P, Mayer E, et al. Water hammer in a spacecraft propellant feed system [C]// Proceedings of 24th Joint Propulsion Conference, AIAA - 88 - 2920, 1988.

[19] Yaggy K L. Analysis of propellant flow into evacuated and pressurized lines [C]// Proceedings of 20th Joint Propulsion Conference, AIAA - 84 - 1346,1984.

[20] Joh C Y, Park K D, Chang Y K. Pressure surge analysis and reduction in the kompast propellant feed system [C]//Proceedings of Second European Spacecraft Propulsion Conference, 1997.

[21] Gibek I, Maisonneuve Y. Waterhammer tests with real propellants [C]//Proceedings of 41st AIAA/ASME/SAE/ASEE Joint Propulsion Conference and Exhibit, AIAA - 2005 - 4081, 2005.

[22] Pyotsia J. A mathematica model of a control valve [J]. PB92 - 141951.

[23] 沈赤兵. 液体火箭发动机静特性与响应特性研究 [D]. 长沙:国防科技大学, 1997.

[24] D. T. 哈杰, F. H. 里尔登. 液体推进剂火箭发动机不稳定燃烧 [M]. 北京:国防工业出版社, 1980.

[25] 刘昆. 分级燃烧循环液氧/液氢发动机系统分布参数模型与通用仿真研究 [D].

长沙:国防科技大学, 1999.

[26] Benstsman J, Pearlstein A J, Wilcutts M A. control oriented modeling of combustion and flow processes in liquid propellant rocket engines [C]//Proceedings of 26th Joint Propulsion Conference, AIAA－90－1877,1990.

[27] 谭建国. 三组元液体火箭发动机系统设计与动态特性研究 [D]. 长沙:国防科技大学, 2003.

[28] 倪维斗,等. 热动力系统建模与控制的若干问题 [M]. 北京:科学出版社, 1996.

[29] 程谋森. 液氢液氧发动机预冷与起动过程模型及 PVM 仿真研究 [D]. 长沙:国防科技大学, 2000.

[30] 王珏. YF－73 氢氧发动机启动过程分析[D]. 西安:航天工业总公司第十一研究所, 1990.

[31] 陈杰. 航天运载器液体推进剂火箭发动机构型研究 [D]. 长沙:国防科技大学, 1991.

[32] 陈启智. 液体火箭发动机控制与动态特性理论 [M]. 长沙:国防科技大学出版社, 1993.

[33] Hearn H C. Development and validation of Fluid/Thermodynamic models for spacecraft propulsion system [C]//Proceedings of 35th Joint Propulsion Conference and Exhibit, AIAA－99－2173, 1999.

[34] Benifield M, Belcher J. Modeling of spacecraft advanced chemical propulsion systems [C]//Proceedings of 40th AIAA/ASME/SAE/ASEE Joint Propulsion Conference and Exhibit, AIAA－2004－4195,2004.

[35] Yang A S, Kuo T C. Numerical simulation for the satellite hydrazine propulsion system [C]//Proceeding of 37th Joint Propulsion Conference and Exhibit, AIAA－2001－3829, 2001.

[36] Holt K, Majumdar A, Steadman T. Numerical modeling and test data comparison of propulsion test article helium pressurization system [C]//Proceeding of 36th AIAA/ASME/SAE/ASEE Joint Propulsion Conference and Exhibit, AIAA－2000－3719, 2000.

[37] Fritzson P. Principles of object-oriented modeling and simulation with modelica 2.1 [M]. Wiley-IEEE Press, 2003.

[38] 朱宁昌,等. 液体火箭发动机设计 [M]. 北京:宇航出版社, 1994.

[39] 魏超. 逆向卸荷减压阀特性分析 [D]. 西安:中国航天科技集团公司第六研究院, 1990.

[40] 赵天怡. 多孔孔板节流试验及高温热泵优化设计方法 [D]. 哈尔滨:哈尔滨工业大学, 2005.

[41] 张贵田. 高压补燃液氧煤油发动机 [M]. 北京:国防工业出版社, 2005.

[42] 沈涌滨. 火箭气体减压器建模及动态特性仿真研究 [D]. 长沙:国防科技大学, 2004.

第二篇

凝胶推进系统工作过程
建模与仿真分析

第五章 凝胶推进系统工作过程数学模型

5.1 基本假设

在建立凝胶推进系统工作过程的数学模型和进行计算机仿真计算时,假设开始时刻膜片阀和电爆阀已打开,凝胶推进剂已充填完供应系统主管道(包括导管、变径导管、带节流孔导管、过滤器、流量调节器等)。在电动气阀或电磁阀通电打开以后,凝胶推进剂开始充填集液腔、毛细管、喷嘴等。推进剂充填完以后,进入分解室经雾化、蒸发、催化、分解产生高温高压燃气,接着燃气在喷管中经加速从喷口高速喷出,以产生推力。为了获得主要特性,对推进系统工作状况作如下假设:

(1)凝胶推进剂是与时间无关的非牛顿流体,在管道中流动为一维流,一些流动参数(如流速等)取其管道径向分布的平均值;

(2)在凝胶推进剂流动过程中不考虑管壁的传热;

(3)分解室中燃气符合理想气体状态方程;

(4)推进剂喷入分解室到转换成燃气是在一个燃烧时滞(分为敏感时滞和不变时滞)内完成的,并假设敏感时滞随分解室压强而变化;

(5)燃气在喷管中的流动是绝热无耗散作用的,燃气流动参数满足绝热等熵关系式 $pv^{\gamma} = \text{const}$。

5.2 凝胶推进系统系统分解

凝胶推进系统的建模与仿真,习惯的方法是针对某一具体型号,在建立数学模型并编制计算机程序(简称建模)之后,对其进行仿真分析。如果系统的结构形式改变,则必须重新推导方程,重新建立系统数学模型,全部或部分重新编制计算机程序。然而,对凝胶推进系统这样复杂的动力系统,采用上述方法建模需要极大的软件工作量,这往往妨碍了利用数学模型和计算机仿真技术对凝胶推进系统进行深入的分析和研究。在新型的凝胶推进系统设计与研制中,这一影响尤为突出。这也是在以往的推进系统设计、研制过程中,基本上是依靠试验方法,因而研制周期长、研制费用高的原因之一。

对研究对象进行合理的模块化分解是模块化建模的第一步,也是关键的一步。模块划分的形式决定了仿真模块的拼装方式,模块划分的结果应保证系统的模块化分解和模块连接结合的过程容易进行,同时可使任意一个模块的删除和插入不给其它模块的组合过程带来影响。

　　根据模块分解方法,把凝胶推进系统(如图5.1所示)划分为如下15个组件模块:(1)贮箱模块;(2)导管模块;(3)膜片阀与电爆阀模块;(4)多通模块;(5)节流孔模块;(6)过滤器模块;(7)启动阀模块;(8)集液腔模块;(9)毛细管模块;(10)喷嘴模块;(11)分解室模块;(12)喷管模块;(13)电磁阀(有控制气体)模块;(14)电磁阀(无控制气体)模块;(15)虚拟模块(因仿真边界连接而新增的模块)。

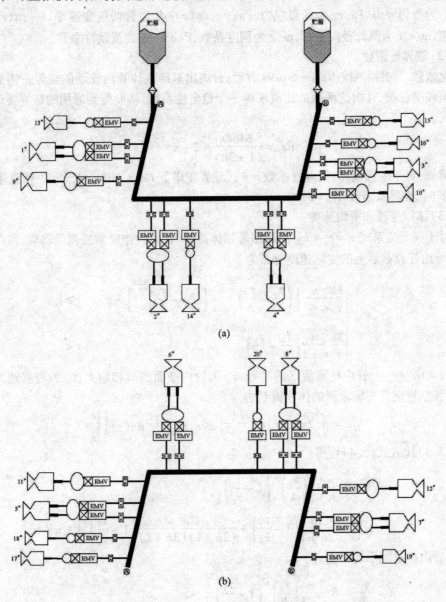

(a)

(b)

(a)中管道Ⓐ与(b)中管道Ⓐ相连,(a)中管道Ⓑ与(b)中管道Ⓑ相连

图5.1　凝胶推进系统布局图

5.3 凝胶推进剂的理论公式

（1）凝胶推进剂的本构关系

凝胶推进剂作为一种均匀的非牛顿流体,其本构关系可视为屈服幂律体流体模型,即

$$\tau = \tau_y + k\dot{\gamma}^n \tag{5.1}$$

式中 τ 为剪切应力,Pa;τ_y 为屈服应力,Pa;$\dot{\gamma} = du(r)/dr$ 为剪切应变速率,s^{-1};$u(r)$ 为流体流速,m/s;r 为圆管径向坐标,m;k 为稠度系数,$Pa \cdot s^n$;n 为流动性系数。

（2）临界雷诺数

戈威尔[10]根据二维 Navier-Stokes 方程,分离出幂律流体管内流动的临界雷诺数中的紊动项和平稳项,并由这两项的比值求得一个稳定性系数,从而得到通用的临界雷诺数计算公式。

$$Re_c = \frac{6464n}{(1+3n)^2}(2+n)^{\frac{2+n}{1+n}} \tag{5.2}$$

例如,对于牛顿流体,流动性系数 $n=1$,临界雷诺数 $Re_c = 2100$;对于非牛顿流体,当 $n = 0.38$ 时,临界雷诺数 $Re_c = 3100$。

（3）体积流量和平均速度

对于满足关系式 $\tau = \tau_y + k\dot{\gamma}^n$ 的屈服幂律体流体,在管内作定常层流流动时,孟令杰等人[11]导出任意截面上的实际速度分布为

$$u(r) = \begin{cases} \frac{kR}{\tau_w}\frac{n}{n+1}\left[\left(\frac{\tau_w}{k}-\frac{\tau_y}{k}\right)^{\frac{n+1}{n}}-\left(\frac{\tau_w}{kR}r-\frac{\tau_y}{k}\right)^{\frac{n+1}{n}}\right]+u_s, & r \geq r_b \\ \frac{kR}{\tau_w}\frac{n}{n+1}\left(\frac{\tau_w}{k}-\frac{\tau_y}{k}\right)^{\frac{n+1}{n}}+u_s, & r < r_b \end{cases} \tag{5.3}$$

式中 $r_b = R\tau_y/\tau_w$ 为管内柱塞流区的半径,τ_w 为管内壁面的剪切应力,u_s 为滑移速度。这样,凝胶推进剂管内定常流的体积流量为

$$q_V = \int_0^R 2\pi r u(r)\mathrm{d}r = \pi\left[u(r)r^2 - \int r^2 \mathrm{d}u(r)\right]\Big|_0^R \tag{5.4}$$

将式(5.3)代入式(5.4)可得

$$q_V = \pi R^3 \frac{n}{n+1}\left(\frac{\tau_w}{k}\right)^{\frac{1}{n}}\left(1-\frac{\tau_y}{\tau_w}\right)^{\frac{n+1}{n}}$$

$$\left[1-\frac{2n}{2n+1}\left(1-\frac{\tau_y}{\tau_w}\right)+\frac{2n^2}{(2n+1)(3n+1)}\left(1-\frac{\tau_y}{\tau_w}\right)^2\right]+\pi R^2 u_s \tag{5.5}$$

于是,管内推进剂平均速度为

$$\bar{u} = \frac{q_V}{\pi R^2} = R\frac{n}{n+1}\left(\frac{\tau_w}{k}\right)^{\frac{1}{n}}\left(1-\frac{\tau_y}{\tau_w}\right)^{\frac{n+1}{n}}\times$$

$$\left[1-\frac{2n}{2n+1}\left(1-\frac{\tau_y}{\tau_w}\right)+\frac{2n^2}{(2n+1)(3n+1)}\left(1-\frac{\tau_y}{\tau_w}\right)^2\right]+u_s \tag{5.6}$$

（4）广义雷诺数

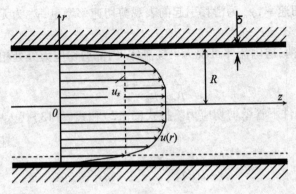

图5.2　凝胶推进剂管内流动示意图

假定凝胶推进剂是与时间无关的非牛顿流体,且其在管内作定常层流流动,推进剂在管内流动时存在滑移流动现象,并作如下假设:

① 推进剂在管内壁面处存在滑移层,滑移层厚度很薄,层内颗粒浓度很低;

② 滑移层内推进剂以滑移速度流动;

③ 由于滑移层的厚度很薄,浓度很低,可以将滑移层内流体视为沿管内壁面作层流的"牛顿流体",并认为该薄层内任意处的剪切应力处处相等,即 $\tau = \tau_w = \tau_c$。

对于粘性流体管内定常流动,其沿程阻力系数为

$$\lambda = \frac{\Delta p}{\dfrac{l}{d}\dfrac{1}{2}\rho \bar{u}^2} \tag{5.7}$$

式中 $\bar{u}$ 是管内平均流速。此外,管内壁面的剪切应力 τ_w 满足方程

$$\pi R^2 \Delta p = \tau_w 2\pi R l \tag{5.8}$$

由式(5.7)和式(5.8)导出

$$\lambda = \frac{2\tau_w \dfrac{l}{R}}{\dfrac{l}{d}\dfrac{1}{2}\rho \bar{u}^2} = \frac{8\tau_w}{\rho \bar{u}^2} \tag{5.9}$$

将式(5.9)作适当变化可得

$$\lambda = 64 \frac{(\tau_w/\mu_e)/(8\bar{u}/d)}{\rho \bar{u}d/\mu_e} = \frac{64}{Re_{\mu_e}/M} = \frac{64}{Re} \tag{5.10}$$

其中 $Re_{\mu_e} = \rho \bar{u}d/\mu_e$,中间变量 $M = (\tau_w/\mu_e)/(8\bar{u}/d)$,广义雷诺数 $Re = Re_{\mu_e}/M$,μ_e 是有效粘度,它是无滑移条件下管壁剪切应力与虚剪切速率的商[12],即

$$\mu_e = \frac{\tau_w}{8\bar{u}_c/d} \tag{5.11}$$

由质量流量公式 $q = q_s + q_c$ 可得

$$\rho \pi R^2 \bar{u} = \rho \pi R^2 u_s + \rho \pi R^2 \bar{u}_c$$

$$\Rightarrow \frac{8\bar{u}}{d} = \frac{8u_s}{d} + \frac{8\bar{u}_c}{d}$$

$$\Rightarrow \dot{\gamma}_a = \dot{\gamma}_{as} + \dot{\gamma}_{ac} \tag{5.12}$$

式中 $\dot{\gamma}_a$ 为表观剪切速率，$\dot{\gamma}_{as}$ 为滑移引起的表观剪切速率增量，$\dot{\gamma}_{ac}$ 为无滑移条件下的虚剪切速率。

由于滑移层很薄，层内流体可视为牛顿流体，内部剪切应力处处相等 $\tau = \tau_w = \tau_c$，则

$$\frac{\tau_w}{\mu_e} = \frac{\tau_c}{\mu_e} = \dot{\gamma}_{ac} \tag{5.13}$$

式中 τ_c 为无滑移条件下管壁剪切应力。把式(5.12)和式(5.13)代入中间变量 M 的表达式可得

$$M = \frac{(\tau_w/\mu_e)}{(8\bar{u}/d)} = \frac{\dot{\gamma}_{ac}}{\dot{\gamma}_a} = 1 - \frac{\dot{\gamma}_{as}}{\dot{\gamma}_a} = 1 - \frac{u_s}{\bar{u}} \tag{5.14}$$

于是广义雷诺数为

$$Re = \frac{Re_{\mu_e}}{M} = \frac{\rho \bar{u} d}{\mu_e (1 - u_s/\bar{u})} \tag{5.15}$$

把(5.6)式中平均速度 $\bar{u}$ 的计算式代入式(5.15)，并经简单数学推导，可导出广义雷诺数的表达式为

$$Re = \frac{\rho \bar{u} d}{k^{1/n} \tau_y^{1-1/n} (1 - u_s/\bar{u})} \left[a^{n-1}(1-a) \right]^{1/n} f(a) \tag{5.16}$$

$$f(a) = \frac{4n}{3n+1} - \frac{4na}{(2n+1)(3n+1)} - \frac{8n^2 a^2}{(n+1)(2n+1)(3n+1)} - \frac{8n^3 a^3}{(n+1)(2n+1)(3n+1)}$$

式中 $a = \tau_y/\tau_w$，τ_w 是管壁处流体剪切应力，τ_w 由方程(5.5)或方程(5.8)计算获得；u_s 是流体滑移速度；$\bar{u}$ 是流体平均速度。上述雷诺数的计算式适合于牛顿体、宾汉体、幂律体、屈服幂律体流体。

(5) 沿程阻力

沿程阻力压降可表示为

$$\Delta p = \lambda \frac{l}{d} \frac{1}{2} \rho \bar{u}^2 \tag{5.17}$$

对于 $Re < Re_c$，流体处于层流，其沿程阻力系数 λ 为

$$\lambda = 64/Re \tag{5.18}$$

对于 $Re \geqslant Re_c$，流体处于紊流，其沿程力系数 λ 满足卡门 - 普朗特方程[13]：

$$\frac{1}{\sqrt{\lambda}} = 2\lg(Re\sqrt{\lambda}) - 0.8 \tag{5.19}$$

(6) 局部阻力

局部阻力压降可表示为

$$\Delta p = \zeta \frac{1}{2} \rho \bar{u}^2 \tag{5.20}$$

式中局部阻力系数 ζ 可通过测量流体压强和速度后计算获得[14]，也可以按牛顿流体查表获得。

5.4 液体管道的基本方程

由于液体管道的流动特性包括惯性、粘性和压缩性,因此采用集中参数方法来描述这些物理特性,就必须满足空间长度与波长相比几何尺寸很小的条件限制,例如管道长度 $L \ll \lambda = a_l/f_{\max}$,$a_l$ 为声速,$f_{\max} = \omega_{\max}/2\pi$ 为最大振频。这样,当推进剂声速 $a_l = 1300\mathrm{m/s}$ 时,若要提取管道 $f_{\max} = 100\mathrm{Hz}$(水击特性处于 50Hz 以下)的信息,假设"$\ll$"相当于 1/20,则管道分段长度不能超过 $1300/(100 \times 20) = 0.65\mathrm{m}$。

(1)惯性

假定液体管道分段内充满了无粘性不可压缩的液体,在计算非稳态运动时,只考虑液柱的惯性。由动量方程可得

$$A(p_1 - p'_2) = m\frac{\mathrm{d}\bar{u}}{\mathrm{d}t} = \rho l A \frac{\mathrm{d}\bar{u}}{\mathrm{d}t} = l\frac{\mathrm{d}q}{\mathrm{d}t} \tag{5.21}$$

即

$$\frac{l}{A}\frac{\mathrm{d}q}{\mathrm{d}t} = p_1 - p'_2 = \Delta p_1 \tag{5.22}$$

式中 p_1,p'_2 分别是管道分段入口、出口压强,m 是分段内液柱质量,A 是分段截面积,l 是分段长度,$\bar{u}$ 是分段内流体平均流速,q 是分段内液体质量流量,Δp_1 是分段压降,ρ 是液体密度。

(2)粘性

在液体管道中,推进剂的粘性表现为沿程阻力和局部阻力两种形式,用公式表示为

$$\begin{aligned}\Delta p_2 &= \left(\lambda\frac{l}{d} + \zeta\right)\frac{1}{2}\rho\bar{u}^2 \\ &= \left(\lambda\frac{l}{d} + \zeta\right)\frac{1}{2}\rho\frac{q^2}{\rho^2 A^2} \\ &= \left(\lambda\frac{l}{d} + \zeta\right)\frac{1}{2A^2}\frac{q^2}{\rho}\end{aligned} \tag{5.23}$$

若令

$$\xi = \left(\lambda\frac{l}{d} + \zeta\right)\frac{1}{2A^2} \tag{5.24}$$

则粘性阻力可表示为

$$p'_2 - p_2 = \Delta p_2 = \xi\frac{q^2}{\rho} \tag{5.25}$$

式中 ξ 是流阻系数,p_2 是管道的出口压强。

若同时考虑管道的惯性和粘性,根据压强叠加原理有

$$p_1 - p_2 = (p_1 - p'_2) + (p'_2 - p_2) = \Delta p_1 + \Delta p_2 \tag{5.26}$$

$$\frac{l}{A}\frac{\mathrm{d}q}{\mathrm{d}t} = p_1 - p_2 - \xi\frac{q^2}{\rho} \tag{5.27}$$

若再加上重力场的影响,式(5.27)变为

$$\frac{l}{A}\frac{dq}{dt} = p_1 - p_2 - \xi\frac{q^2}{\rho} + h\rho g \tag{5.28}$$

式中 h 是管道分段高度,向下流为正,向上流为负;g 是重力加速度,其海平面值为 9.80665m/s。

惯性流阻 R 定义为 l/A,加之考虑流动的方向性,于是式(5.28)写成标准形式:

$$R\frac{dq}{dt} = p_1 - p_2 - \xi\frac{q|q|}{\rho} + h\rho g \tag{5.29}$$

(3)压缩性

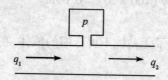

图 5.3　液柱的压缩性

忽略液柱惯性和壁面摩擦损失,这时候,液体管道分段的动态特性主要取决于液体的压缩性。压缩性的影响表现在当压强变化时分段内液体的质量也在变化,这就意味着入口和出口的流量瞬时值是不同的。根据非稳态流动时的质量平衡方程有

$$\frac{dm}{dt} = q_1 - q_2 \tag{5.30}$$

式中 m 是分段内液体质量,q_1,q_2 分别是分段入口、出口处的质量流量。

液体质量由流路分段的容积 V 和液体密度 ρ 决定。

$$m = \rho V \tag{5.31}$$

于是

$$\frac{dm}{dt} = V\frac{d\rho}{dt}, \quad V = \text{const} \tag{5.32}$$

加之

$$\frac{dp}{d\rho} = \frac{K}{\rho} = a_l^2 \tag{5.33}$$

式中 K 为液体的体积弹性模量,a_l 是液体中声速。由式(5.30)、式(5.32)和式(5.33)可以推出

$$\frac{V\rho}{K}\frac{dp}{dt} = q_1 - q_2 \tag{5.34}$$

令 $\chi = \frac{V\rho}{K} = \frac{V}{a_l^2}$,则式(5.34)表示为

$$\chi\frac{dp}{dt} = q_1 - q_2 \tag{5.35}$$

5.5　燃烧室(分解室)的基本方程

燃烧室工作过程如图5.4所示。液态推进剂进入燃烧室,一部分转化为气态的燃烧产物,另一部分以液相的形式随燃气排出燃烧室。其中,氧化剂和燃料因雾化、加热、蒸发和扩散等过程变成气相反应物的时间可近似表示为

$$\tau_o = ap^{-b} \tag{5.36}$$

$$\tau_f = cp^{-d} \tag{5.37}$$

式中 τ_o 和 τ_f 分别是氧化剂和燃料转化过程的敏感时滞,a、b、c、d 是经验系数,p 是燃烧室压强。

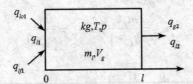

图5.4　燃烧室(分解室)示意图

燃烧室中积累的液体氧化剂和液体燃料质量变化式分别为

$$\frac{\mathrm{d}m_{lo}}{\mathrm{d}t} = q_{lo1} - \frac{m_{lo}}{\tau_o} - q_{lo2} \tag{5.38}$$

$$\frac{\mathrm{d}m_{lf}}{\mathrm{d}t} = q_{lf1} - \frac{m_{lf}}{\tau_f} - q_{lf2} \tag{5.39}$$

式中 m_{lo} 和 m_{lf} 分别是燃烧室中积累的液体氧化剂和液体燃料的质量,q_{lo1} 和 q_{lf1} 分别是流入燃烧室的液体氧化剂和液体燃料质量流量,q_{lo2} 和 q_{lf2} 分别是流出燃烧室的液体氧化剂和液体燃料质量流量。

设燃烧室内气态氧化剂和燃料的质量瞬时值分别为 m_{go},m_{gf},则燃烧室内燃气组元比的平均瞬时值 k_g 为

$$k_g = \frac{m_{go}}{m_{gf}} \tag{5.40}$$

对燃烧室内每种气态组元的质量可单独写出质量平衡方程为

$$\frac{\mathrm{d}m_{go}}{\mathrm{d}t} = q_{go1} - q_{go2} \tag{5.41}$$

$$\frac{\mathrm{d}m_{gf}}{\mathrm{d}t} = q_{gf1} - q_{gf2} \tag{5.42}$$

其中 $q_{g1} = q_{go1} + q_{gf1}$,$q_{g2} = q_{go2} + q_{gf2}$。燃烧室入口燃气中的氧化剂流量 $q_{go1}(t) = \frac{m_{lo}(t-\tau_r)}{\tau_o(t-\tau_r)}$,燃烧室入口燃气中的燃料流量 $q_{gf1}(t) = \frac{m_{lf}(t-\tau_r)}{\tau_f(t-\tau_r)}$,$\tau_r$ 是氧化剂和燃料因化学反应生成气相产物的不变时滞。氧化剂流量 q_{go2} 和燃料流量 q_{gf2} 由组元比 k_g 和总流量

q_{g2} 来确定。

$$q_{go2} = \frac{k_g}{k_g + 1} q_{g2}, \quad q_{gf2} = \frac{1}{k_g + 1} q_{g2} \tag{5.43}$$

由式(5.40)、式(5.41)、式(5.42)和式(5.43)导出

$$\frac{dk_g}{dt} = \frac{1}{m_{gf}} \cdot \frac{dm_{go}}{dt} - \frac{m_{go}}{m_{gf}^2} \cdot \frac{dm_{gf}}{dt} = \frac{1}{m_{gf}} \cdot q_{go1} - \frac{m_{go}}{m_{gf}^2} \cdot q_{gf1} - \left[\frac{k_g}{m_{gf}(k_g + 1)} - \frac{m_{go}}{m_{gf}^2(k_g + 1)} \right] q_{g2}$$

$$= \frac{1}{m_{gf}} \cdot q_{go1} - \frac{m_{go}}{m_{gf}^2} \cdot q_{gf1} - \left[\frac{\dfrac{m_{go}}{m_{gf}}}{m_{gf}(k_g + 1)} - \frac{m_{go}}{m_{gf}^2(k_g + 1)} \right] q_{g2}$$

$$= \frac{1}{m_{gf}} \cdot q_{go1} - \frac{m_{go}}{m_{gf}^2} \cdot q_{gf1} \tag{5.44}$$

由 $m_g = m_{go} + m_{gf}$ 和 $k_g = m_{go}/m_{gf}$ 可得

$$m_{go} = \frac{m_g k_g}{k_g + 1}, \quad m_{gf} = \frac{m_g}{k_g + 1} \tag{5.45}$$

将式(5.45)代入式(5.44)得

$$\frac{dk_g}{dt} = \frac{k_g + 1}{m_g}(q_{go1} - k_g q_{gf1}) \tag{5.46}$$

式中燃气质量 $m_g = pV_g/(RT)$，R 是气体常数，$V_g = V - m_{lo}/\rho_o - m_{lf}/\rho_f$ 是气体体积，ρ_o 和 ρ_f 分别是液体氧化剂和液体燃料密度，V 是燃烧室容积。

如果认为热导率和扩散系数为无限大(即气体管道瞬时充分混合模型)，那么整个燃烧室的燃气温度的瞬时值 $T(x,t)$(在该瞬间刚进入入口的那股燃气除外)是一样的，并等于燃烧室出口处的温度。

$$T(x,t) = \begin{cases} T(0,t) = T_1(t), & x = 0 \\ T(l,t) = T_2(t), & 0 < x \leq l \end{cases} \tag{5.47}$$

忽略燃烧室中的燃气动能变化，假设流动是绝热的，则燃烧室能量守恒方程表示为

$$\frac{d(m_g c_v T_2)}{dt} = c_{p1} T_1 q_{g1} \eta_c - c_{p2} T_2 q_{g2} \tag{5.48}$$

式中 $c_v = \dfrac{R}{\gamma - 1}$ 是定容比热容，$c_p = \dfrac{\gamma R}{\gamma - 1}$ 是定压比热容，R 是燃气的气体常数，γ 是比热比，RT_2 表示燃气的作功能力，η_c 是燃烧效率。方程(5.48)展开为

$$m_g \frac{d(RT_2)}{dt} + RT_2 \frac{dm_g}{dt} = (\gamma - 1)\left(\frac{\gamma_1}{\gamma_1 - 1} R_1 T_1 q_{g1} \eta_c - \frac{\gamma_2}{\gamma_2 - 1} R_2 T_2 q_{g2} \right) \tag{5.49}$$

由质量守恒可得

$$\frac{dm_g}{dt} = q_{g1} - q_{g2} \tag{5.50}$$

所以有

$$m_g \frac{d(RT_2)}{dt} = (\gamma - 1)\left(\frac{\gamma_1}{\gamma_1 - 1} R_1 T_1 q_{g1} \eta_c - \frac{\gamma_2}{\gamma_2 - 1} R_2 T_2 q_{g2} \right) - RT_2(q_{g1} - q_{g2}) \tag{5.51}$$

根据气体状态方程可写出 $m_g = pV_g/(RT_2)$，两边取导数变为

$$\frac{V_g}{RT_2}\frac{\mathrm{d}p}{\mathrm{d}t} - \frac{pV_g}{(RT)^2}\frac{\mathrm{d}(RT_2)}{\mathrm{d}t} = \frac{\mathrm{d}m_g}{\mathrm{d}t} = q_{g1} - q_{g2} \tag{5.52}$$

将式(5.51)代入式(5.52)可得

$$V_g\frac{\mathrm{d}p}{\mathrm{d}t} = (\gamma - 1)\left(\frac{\gamma_1}{\gamma_1 - 1}R_1 T_1 q_{g1}\eta_c - \frac{\gamma_2}{\gamma_2 - 1}R_2 T_2 q_{g2}\right) \tag{5.53}$$

5.6　电磁阀(有控制气体)的基本方程

(1)电磁阀(有控制气体)的组成及其工作原理

电磁阀(有控制气体)的结构如图5.5所示,它由电动气阀和气动液阀两部分组成,电动气阀上接高压气源,气动液阀的推进剂入口与推进剂供应管道相连,出口与推进剂充填管道相连。电动气阀线圈通电后,线圈电流按指数规律增长,当达到触动电流时,衔铁开始运动,电动气阀逐渐打开,高压气源和其控制腔气体的巨大压差,使得其控制腔气体压强急剧上升;电动气阀的控制腔在自身压强上升的同时,对气动液阀的控制腔充气,当气动液阀控制腔气体压强上升到一定值时,气动液阀活塞开始运动,直至阀完全打开,完成电磁阀的开启过程。当发出关机指令时,电动气阀线圈断电,磁通逐渐衰减至释放磁通时,吸力已不足吸住衔铁,由弹簧力克服压强力和电磁力,推动衔铁组件运动,衔铁即开始释放,直至电动气阀完全关闭,与此同时,电动气阀控制腔气体通过排气口流出,控制腔泄压,气动液阀控制腔随之泄压,气动液阀活塞在弹簧力的作用下逐渐关闭,完成其关闭过程。

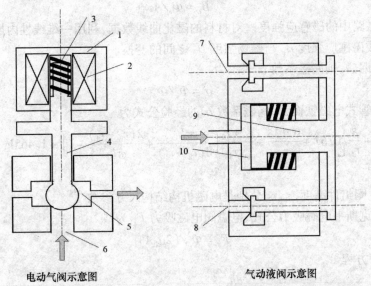

电动气阀示意图　　　　　　气动液阀示意图

1－电磁导体;2－线圈;3－弹簧;4－衔铁组件;5－电动气阀控制腔;6－高压气源

7－氧化剂入口;8－燃料入口;9－活塞作动杆;10－气动液阀控制腔

图5.5　电磁阀(有控制气体)示意图

（2）电动气阀的基本方程

电动气阀的动态过程，在电路上遵循电压平衡方程，在磁场上遵循麦克斯韦方程，在运动上遵循达朗贝尔运动方程，以及在热路上遵循热平衡方程。这些方程间存在相互的联系，构成了描述整个电磁机构动态过程的数学模型。由于电动气阀的动态过程历时极短，电磁系统又存在着热惯性，故温度变化极微，引起电阻的变化很小，可忽略不计，因此，数学模型中可不包含热平衡方程。

① 电路方程

$$U = iR_i + \frac{d\psi}{dt} = iR_i + \frac{d(N\Phi_c)}{dt} = iR_i + N\frac{d\Phi_c}{dt} \tag{5.54}$$

式中 U 是线圈励磁电压，i 是电流，R_i 是线圈电阻，ψ 是电磁系统全磁链，N 是线圈匝数，t 是时间，Φ_c 是磁路中的磁通量。

② 磁路方程

根据基尔霍夫磁压定律，可得出磁路计算的数学模型，即

$$iN = \Phi_\delta(R_\delta + R_f + R_c) \tag{5.55}$$

式中 Φ_δ 是气隙中的磁通量，R_δ 是工作气隙磁阻，R_f 是非工作气隙磁阻，R_c 是对应磁路磁阻且 $R_c = H_c L_c$。忽略衔铁及非工作气隙磁阻，式（5.55）变为：

$$iN = \Phi_\delta R_\delta + H_c L_c \tag{5.56}$$

式中 H_c 是磁场强度，L_c 是磁路长度。气隙磁阻为：

$$R_\delta = \delta/(\mu_0 A) = (h_{max} - x_1)/(\mu_0 A) \tag{5.57}$$

式中 δ 是气隙长度，μ_0 是真空磁导率，A 是气隙处的磁极面积，h_{max} 是最大气隙，x_1 是衔铁位移。

$$B_c = \Phi_c/A \tag{5.58}$$

式中 B_c 是磁路中的磁感应强度。对材料的磁化曲线数据，利用一维线性内插进行数据分段插值，完成磁感应强度 B_c 与磁场强度 H_c 之间的变换。

若考虑漏磁，则漏磁系数 σ 表示为

$$\sigma = \Phi_c/\Phi_\delta \tag{5.59}$$

对于直流螺管式电磁铁而言，漏磁系数 σ 的经验公式为

$$\sigma = 1 + \frac{\delta}{r_1}\left\{0.67 + \frac{0.13\delta}{r_1} + \frac{r_1 + r_2}{\pi r_1}\left[\frac{\pi L_k}{8(r_2 - r_1)} + \frac{2(r_2 - r_1)}{\pi L_k} - 1\right] + 1.465\lg\frac{r_2 - r_1}{\delta}\right\} \tag{5.60}$$

式中 L_k 是线圈组件高度，r_1, r_2 分别是电磁机构结构尺寸参数[15]。

根据麦克斯韦电磁吸力公式，电磁阀电磁吸力 F_x 为

$$F_x = \Phi_\delta^2/(2\mu_0 A) \tag{5.61}$$

③ 运动方程

$$m_{t1}\frac{du_1}{dt} = F_x + F_{p1} - F_{f1} - F_{c1} \tag{5.62}$$

式中 m_{t1} 是电动气阀运动件总质量，u_1 是电动气阀活塞运动速度，F_{p1} 是作用在电动气阀活塞上的压强力，F_{f1} 是作用在电动气阀运动件上的摩擦力，F_{c1} 是作用在电动气阀活塞上的

弹簧力。

$$\frac{dx_1}{dt} = u_1 \tag{5.63}$$

式中 x_1 是电动气阀活塞位移。

$$F_{p1} = (p_1 - p_0)A_{n1} \tag{5.64}$$

式中 p_1 是电动气阀控制腔气体压强，p_0 是环境压强，A_{n1} 是电动气阀活门活塞杆横截面积。

$$F_{c1} = F_{c01} + C_1 x_1 \tag{5.65}$$

式中 F_{c01} 是电动气阀弹簧预紧力，C_1 是电动气活门弹簧刚度。

$$F_{f1} = f_1 u_1 \tag{5.66}$$

式中 f_1 是电动气阀摩擦系数。

④ 控制腔气体的基本方程

视控制腔气体为理想气体，忽略气体的动能变化，则控制腔气体的能量方程表示为：

$$\frac{d(m_1 c_v T_1)}{dt} = q_{1in} c_{pi} T_i - q_{2in} c_{pj} T_j - q_{out} c_{pe} T_e - p_1 A_{n1} u_1 \tag{5.67}$$

式中 m_1 是电动气阀控制腔气体质量，T_1 是电动气阀控制腔气体温度，q_{1in} 是电动气阀控制腔来流气体流量，q_{2in} 是气动液阀控制腔来流气体流量，q_{out} 是电动气阀控制腔出流气体流量，c_v 是定容比热容，c_p 是定压比热容，下标 i,j,e 分别表示电动气阀控制腔入口，气动液阀控制腔入口，电动气阀控制腔泄出口。由于 $c_v = \dfrac{\gamma}{\gamma-1}R$、$c_p = \dfrac{1}{\gamma-1}R$ 均视为常数，γ 是等熵指数，R 是气体常数，因此式（5.67）可变为

$$m_1 \frac{dT_1}{dt} = q_{1in}\gamma T_i - q_{2in}\gamma T_j - q_{out}\gamma T_e - T_1(q_{1in} - q_{2in} - q_{out}) - \frac{\gamma-1}{R}p_1 A_{n1} u_1 \tag{5.68}$$

根据理想气体状态方程

$$p_1 V_1 = m_1 R T_1 \tag{5.69}$$

式中 V_1 是电动气阀控制腔容积。上式两边取导数变为

$$V_1 \frac{dp_1}{dt} + p_1 \frac{dV_1}{dt} = m_1 R \frac{dT_1}{dt} + RT_1 \frac{dm_1}{dt} \tag{5.70}$$

将式（5.68）代入式（5.70）得

$$V_1 \frac{dp_1}{dt} = q_{1in}\gamma RT_i - q_{2in}\gamma RT_j - q_{out}\gamma RT_e - \gamma p_1 A_{n1} u_1 \tag{5.71}$$

$$\frac{dV_1}{dt} = A_{n1} u_1 \tag{5.72}$$

式（5.68）、式（5.71）、式（5.72）为电动气阀控制腔气体的数学模型。其中
$$\begin{cases} q_{1in} \geq 0, & T_i = T_N \\ q_{1in} < 0, & T_i = T_1 \end{cases}, \begin{cases} q_{2in} \geq 0, T_j = T_1 \\ q_{2in} < 0, T_j = T_2 \end{cases}, \begin{cases} q_{out} \geq 0, T_e = T_1 \\ q_{out} < 0, T_e = T_0 \end{cases}$$
。T_N 是高压气源温度，T_0 是环境温度，T_2 是气动液阀控制腔气体温度。

（3）气动液阀的基本方程

气动液阀由一个控制腔及气孔、一个弹簧、一个活塞、两个推进剂入口和出口、一个阀体构成。该阀的推进剂出口紧挨喷注器入口，而喷注器出口又紧挨分解室入口。高压气体进入控制腔以后，当气压增至一定值后，将同时推动作动腔活塞克服液压强、摩擦力和弹簧力而运动，从而使推进剂流入到喷注器容腔中。在电动气阀关闭时，气动液阀控制腔中的气体在弹簧力和液压强的作用下从电动气阀和排气孔中排出。在活塞运动过程中，伴随着气体流量、压强、体积、密度、温度和活塞位移、速度、弹簧伸缩量的变化，因此，气动液阀动态过程应遵循质量守恒定律、能量守恒定律和牛顿第二定律。

为建立气动液阀动态过程的数学模型，先作如下假设：由于该阀的动态过程极短，不考虑阀内的传热过程；不考虑推进剂的可压缩性；视控制腔内气体为理想气体。

① 运动方程

$$m_{i2}\frac{\mathrm{d}u_2}{\mathrm{d}t} = F_{p2} - F_{f2} - F_{c2} \tag{5.73}$$

式中 m_{i2} 是气动液阀运动件总质量，u_2 是气动液阀活塞运动速度，F_{p2} 是作用在气动液阀活塞上的压强力，F_{f2} 是作用在气动液阀运动件上的摩擦力，F_{c2} 是作用在气动液阀活塞上的弹簧力。

$$\frac{\mathrm{d}x_2}{\mathrm{d}t} = u_2 \tag{5.74}$$

式中 x_2 是气动液阀活塞位移。

$$F_{p2} = (p_2 - p_0)A_{n2} + (p_{lo} - p_0)A_{lo} + (p_{lf} - p_0)A_{lf} \tag{5.75}$$

式中 p_2 是气动液阀控制腔气体压强，A_{n2} 是气动液阀活塞杆横截面积，p_{lo} 是气动液阀氧化剂入口压强，A_{lo} 是气动液阀氧化剂对应活塞杆横截面积，p_{lf} 是气动液阀燃料入口压强，A_{lf} 是气动液阀燃料对应活塞杆横截面积。

$$F_{c2} = F_{c02} + C_2 x_2 \tag{5.76}$$

式中 F_{c02} 是气动液阀弹簧预紧力，C_2 是气动液阀弹簧刚度。

$$F_{f2} = f_2 u_2 \tag{5.77}$$

式中 f_2 是气动液阀摩擦系数。

② 控制腔气体的基本方程

$$m_2\frac{\mathrm{d}T_2}{\mathrm{d}t} = q_{2in}\gamma T_j - T_2 q_{2in} - \frac{\gamma - 1}{R}p_2 A_{n2} u_2 \tag{5.78}$$

式中 m_2 是气动液阀控制腔气体质量。

$$V_2\frac{\mathrm{d}p_2}{\mathrm{d}t} = q_{2in}\gamma R T_j - \gamma p_2 A_{n2} u_2 \tag{5.79}$$

式中 V_2 是气动液阀控制腔容积。

$$\frac{\mathrm{d}V_2}{\mathrm{d}t} = A_{n2} u_2 \tag{5.80}$$

其中 $\begin{cases} q_{2in} \geq 0, T_j = T_1 \\ q_{2in} < 0, T_j = T_2 \end{cases}$ 。

关于气体质量流量 q_{1in}、q_{2in} 和 q_{out} 的求解,在此考虑了超临界、亚临界,气体正向、反向流动四种情况。具体数学模型如下:

当 $p_1 \leq p_N$ 时,$q_{1in} =$
$$\begin{cases} \mu_{1in} \dfrac{p_N A_{1in}}{\sqrt{RT_N}} \sqrt{\gamma \left(\dfrac{2}{\gamma+1}\right)^{\frac{\gamma+1}{\gamma-1}}}, & \dfrac{p_1}{p_N} \leq \left(\dfrac{2}{\gamma+1}\right)^{\frac{\gamma}{\gamma-1}} \\[3ex] \mu_{1in} \dfrac{p_N A_{1in}}{\sqrt{RT_N}} \sqrt{\dfrac{2\gamma}{\gamma-1}\left[\left(\dfrac{p_1}{p_N}\right)^{\frac{2}{\gamma}} - \left(\dfrac{p_1}{p_N}\right)^{\frac{\gamma+1}{\gamma}}\right]}, & \dfrac{p_1}{p_N} > \left(\dfrac{2}{\gamma+1}\right)^{\frac{\gamma}{\gamma-1}} \end{cases}$$

当 $p_1 > p_N$ 时,$q_{1in} =$
$$\begin{cases} -\mu_{1in} \dfrac{p_1 A_{1in}}{\sqrt{RT_1}} \sqrt{\gamma \left(\dfrac{2}{\gamma+1}\right)^{\frac{\gamma+1}{\gamma-1}}}, & \dfrac{p_N}{p_1} \leq \left(\dfrac{2}{\gamma+1}\right)^{\frac{\gamma}{\gamma-1}} \\[3ex] -\mu_{1in} \dfrac{p_1 A_{1in}}{\sqrt{RT_1}} \sqrt{\dfrac{2\gamma}{\gamma-1}\left[\left(\dfrac{p_N}{p_1}\right)^{\frac{2}{\gamma}} - \left(\dfrac{p_N}{p_1}\right)^{\frac{\gamma+1}{\gamma}}\right]}, & \dfrac{p_N}{p_1} > \left(\dfrac{2}{\gamma+1}\right)^{\frac{\gamma}{\gamma-1}} \end{cases}$$

当 $p_2 \leq p_1$ 时,$q_{2in} =$
$$\begin{cases} \mu_{2in} \dfrac{p_1 A_{2in}}{\sqrt{RT_1}} \sqrt{\gamma \left(\dfrac{2}{\gamma+1}\right)^{\frac{\gamma+1}{\gamma-1}}}, & \dfrac{p_2}{p_1} \leq \left(\dfrac{2}{\gamma+1}\right)^{\frac{\gamma}{\gamma-1}} \\[3ex] \mu_{2in} \dfrac{p_1 A_{2in}}{\sqrt{RT_1}} \sqrt{\dfrac{2\gamma}{\gamma-1}\left[\left(\dfrac{p_2}{p_1}\right)^{\frac{2}{\gamma}} - \left(\dfrac{p_2}{p_1}\right)^{\frac{\gamma+1}{\gamma}}\right]}, & \dfrac{p_2}{p_1} > \left(\dfrac{2}{\gamma+1}\right)^{\frac{\gamma}{\gamma-1}} \end{cases}$$

当 $p_2 > p_1$ 时,$q_{2in} =$
$$\begin{cases} -\mu_{2in} \dfrac{p_2 A_{2in}}{\sqrt{RT_2}} \sqrt{\gamma \left(\dfrac{2}{\gamma+1}\right)^{\frac{\gamma+1}{\gamma-1}}}, & \dfrac{p_1}{p_2} \leq \left(\dfrac{2}{\gamma+1}\right)^{\frac{\gamma}{\gamma-1}} \\[3ex] -\mu_{2in} \dfrac{p_2 A_{2in}}{\sqrt{RT_2}} \sqrt{\dfrac{2\gamma}{\gamma-1}\left[\left(\dfrac{p_1}{p_2}\right)^{\frac{2}{\gamma}} - \left(\dfrac{p_1}{p_2}\right)^{\frac{\gamma+1}{\gamma}}\right]}, & \dfrac{p_1}{p_2} > \left(\dfrac{2}{\gamma+1}\right)^{\frac{\gamma}{\gamma-1}} \end{cases}$$

当 $p_0 \leq p_1$ 时,$q_{out} =$
$$\begin{cases} \mu_{out} \dfrac{p_1 A_{out}}{\sqrt{RT_1}} \sqrt{\gamma \left(\dfrac{2}{\gamma+1}\right)^{\frac{\gamma+1}{\gamma-1}}}, & \dfrac{p_0}{p_1} \leq \left(\dfrac{2}{\gamma+1}\right)^{\frac{\gamma}{\gamma-1}} \\[3ex] \mu_{out} \dfrac{p_1 A_{out}}{\sqrt{RT_1}} \sqrt{\dfrac{2\gamma}{\gamma-1}\left[\left(\dfrac{p_0}{p_1}\right)^{\frac{2}{\gamma}} - \left(\dfrac{p_0}{p_1}\right)^{\frac{\gamma+1}{\gamma}}\right]}, & \dfrac{p_0}{p_1} > \left(\dfrac{2}{\gamma+1}\right)^{\frac{\gamma}{\gamma-1}} \end{cases}$$

当 $p_0 > p_1$ 时,$q_{out} =$
$$\begin{cases} -\mu_{out} \dfrac{p_0 A_{out}}{\sqrt{RT_0}} \sqrt{\gamma \left(\dfrac{2}{\gamma+1}\right)^{\frac{\gamma+1}{\gamma-1}}}, & \dfrac{p_0}{p_1} \leq \left(\dfrac{2}{\gamma+1}\right)^{\frac{\gamma}{\gamma-1}} \\[3ex] -\mu_{out} \dfrac{p_0 A_{out}}{\sqrt{RT_0}} \sqrt{\dfrac{2\gamma}{\gamma-1}\left[\left(\dfrac{p_1}{p_0}\right)^{\frac{2}{\gamma}} - \left(\dfrac{p_1}{p_0}\right)^{\frac{\gamma+1}{\gamma}}\right]}, & \dfrac{p_1}{p_0} > \left(\dfrac{2}{\gamma+1}\right)^{\frac{\gamma}{\gamma-1}} \end{cases}$$

式中 μ_{1in} 是电动气阀控制腔来流流量系数,μ_{2in} 是气动液阀控制腔来流流量系数,μ_{out} 是电动气阀控制腔出流流量系数,A_{1in} 是电动气阀控制腔充气孔面积,A_{2in} 是气动液阀控制腔充气孔面积,A_{out} 是电动气阀控制腔排气活门口面积。

求解电动气阀的动态微分方程组,得出 x_1、u_1,实际上是求出了影响气动液阀控制腔气体流入量及控制腔容积的外界因素。在此基础上,才可以求解气动液阀的动态模型。但是,电动气阀的活塞前压强和气动液阀的运动有关,所以电动气阀和气动液阀的动态微分方程组要联立求解。

5.7 电磁阀(无控制气体)的基本方程

(1)电磁阀(无控制气体)的组成及其工作原理

电磁阀(无控制气体)的结构如图 5.6 所示,电磁阀的入口与推进剂供应管道相连,出口与推进剂充填管道相连。电磁阀线圈通电后,线圈电流按指数规律增长,当达到触动电流时,衔铁开始运动,电磁阀逐渐打开,直至阀完全打开,完成电磁阀的开启过程。当发出关机指令时,电磁阀线圈断电,磁通逐渐衰减至释放磁通时,吸力已不足吸住衔铁,由弹簧力克服压强力和电磁力,推动衔铁组件运动,衔铁即开始释放,直至电磁阀关闭,完成电磁阀关闭过程。

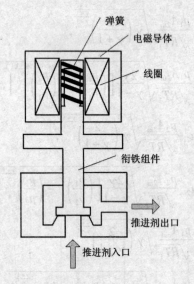

弹簧
电磁导体
线圈
衔铁组件
推进剂出口
推进剂入口

图 5.6 电磁阀(无控制气体)示意图

(2)电磁阀的基本方程

① 电路方程

$$U = iR_i + \frac{\mathrm{d}\Psi}{\mathrm{d}t} \tag{5.81}$$

式中 U 是线圈励磁电压,i 是线圈电流,R_i 是线圈电阻,Ψ 是电磁系统全磁链,t 是时间。

② 磁路方程

$$iN = \Phi_\delta R_\delta + H_c L_c \tag{5.82}$$

式中 N 是线圈匝数,Φ_δ 是工作气隙磁通,R_δ 是工作气隙磁阻,H_c 是磁场强度,L_c 是磁路有效长度。

③ 运动方程

$$m_t \frac{\mathrm{d}u}{\mathrm{d}t} = F_x + F_p - F_f - F_c \tag{5.83}$$

$$\frac{\mathrm{d}x}{\mathrm{d}t} = u \tag{5.84}$$

式中 m_t 是电磁系统运动组件折算为铁心极面中心质量，u 是活塞杆速度，F_x 是电磁力，F_p 是压强力，F_f 是摩擦力，F_c 是弹簧力，x 是活塞杆位移。电磁力、压强力、摩擦力、弹簧力的计算公式分别为

$$F_x = \Phi_\delta^2 / (2\mu_0 A) \tag{5.85}$$

$$F_p = (p - p_0) A_n \tag{5.86}$$

$$F_c = F_{c0} + Cx \tag{5.87}$$

$$F_f = fu \tag{5.88}$$

式中 A 是衔铁吸动面积，A_n 是活塞杆横截面积。

5.8　拼装模块的数学模型

（1）贮箱 – 管道模块

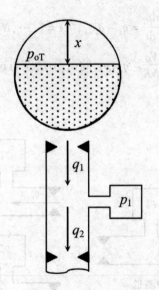

图 5.7　贮箱 – 管道连接示意图

贮箱连接管道第一分段的流量方程为：

$$R_1 \frac{\mathrm{d}q_1}{\mathrm{d}t} = p_T - p_1 - \xi_1 \frac{q_1 |q_1|}{\rho} + h_1 \rho g \tag{5.89}$$

式中 $R_1 = \dfrac{l}{2NA} = \dfrac{R}{2N}$，$h_1 = \dfrac{h}{2N}$，$N$ 是连接管道分段数，A 是连接管道横截面积，p_T 是贮箱压强。

贮箱液面至贮箱顶的高度满足：

$$x(t) = x(t-1) + \frac{\int_{t-1}^{t} q_1 \mathrm{d}t}{\pi\rho\left[dx(t-1) - x(t-1)^2\right]} \tag{5.90}$$

式中 $x(t)$ 表示 t 时刻贮箱液面至贮箱顶的高度。

（2）液体管道模块

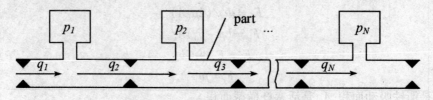

图 5.8　液体管道分段示意图

若把一根管道分为 N 段，这会形成 $2N$ 个独立变量，它们是 N 个压强 p_i 和 N 个流量 q_i，其微分方程表示为：

$$R_i \frac{\mathrm{d}q_i}{\mathrm{d}t} = p_{i-1} - p_i - \xi_i \frac{q_i|q_i|}{\rho} + h_i\rho g, \quad i = 2, \cdots, N \tag{5.91}$$

$$\chi_i \frac{\mathrm{d}p_i}{\mathrm{d}t} = q_i - q_{i+1}, \quad i = 1, \cdots, N-1 \tag{5.92}$$

式中 $R_i = \dfrac{l}{NA} = \dfrac{R}{N}$，$h_i = \dfrac{h}{N}$，$\chi_i = \dfrac{V\rho}{NK}$。$q_1$，$p_N$ 的微分方程与这根管道的边界条件有关，必须与其它组件联合求解。

（3）三通模块

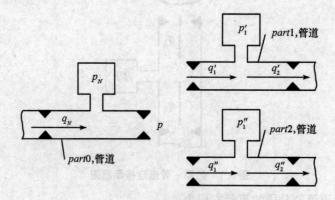

图 5.9　三通模块连接示意图

描述三通模块的微分方程包括：

$$\chi_N \frac{\mathrm{d}p_N}{\mathrm{d}t} = q_N - q \tag{5.93}$$

$$R_{N+1} \frac{\mathrm{d}(q'_1 + q''_1)}{\mathrm{d}t} = p_N - p - \xi_{N+1} \frac{(q'_1 + q''_1)|q'_1 + q''|}{p} + h_{N+1}\rho g \tag{5.94}$$

$$R'_1 \frac{\mathrm{d}q'_1}{\mathrm{d}t} = p - p'_1 - \xi'_1 \frac{q'_1|q'_1|}{\rho} + h'_1\rho g \tag{5.95}$$

$$R''_1 \frac{\mathrm{d}q''_1}{\mathrm{d}t} = p - p''_1 - \xi''_1 \frac{q''_1 |q''_1|}{\rho} + h''_1 \rho g \tag{5.96}$$

式中 $\chi_N = \dfrac{V\rho}{NK}$，$R_{N+1} = \dfrac{l}{2NA}$，$h_{N+1} = \dfrac{h}{2N}$，$R'_1 = \dfrac{l'}{2N'A'}$，$h'_1 = \dfrac{h'}{2N'}$，$R''_1 = \dfrac{l''}{2N''A''}$，$h''_1 = \dfrac{h''}{2N''}$。

若令

$$D = p_N - \xi_{N+1} \frac{(q'_1 + q''_1)|q'_1 + q''|}{p} + h_{N+1} \rho g \tag{5.97}$$

$$D_1 = -p'_1 - \xi'_1 \frac{q'_1 |q'_1|}{\rho} + h'_1 \rho g \tag{5.98}$$

$$D_2 = -p''_1 - \xi''_1 \frac{q''_1 |q''_1|}{\rho} + h''_1 \rho g \tag{5.99}$$

则式(5.94)、式(5.95)和式(5.96)分别改写为

$$R_{N+1} \frac{\mathrm{d}(q'_1 + q''_1)}{\mathrm{d}t} = D - p \tag{5.100}$$

$$R'_1 \frac{\mathrm{d}q'_1}{\mathrm{d}t} = p + D_1 \tag{5.101}$$

$$R''_1 \frac{\mathrm{d}q''_1}{\mathrm{d}t} = p + D_2 \tag{5.102}$$

式(5.100)加上式(5.101)可得

$$(R_{N+1} + R'_1) \frac{\mathrm{d}q'_1}{\mathrm{d}t} + R_{N+1} \frac{\mathrm{d}q''_1}{\mathrm{d}t} = D + D_1 \tag{5.103}$$

式(5.100)加上式(5.102)可得

$$R_{N+1} \frac{\mathrm{d}q'_1}{\mathrm{d}t} + (R_{N+1} + R''_1) \frac{\mathrm{d}q''_1}{\mathrm{d}t} = D + D_2 \tag{5.104}$$

对式(5.103)和式(5.104)联合求解可得

$$\frac{\mathrm{d}q'_1}{\mathrm{d}t} = -\frac{-D_1 R_{N+1} + D_2 R_{N+1} - D R''_1 - D_1 R''_1}{R_{N+1} R'_1 + R_{N+1} R''_1 + R'_1 R''_1} \tag{5.105}$$

$$\frac{\mathrm{d}q''_1}{\mathrm{d}t} = -\frac{D_1 R_{N+1} - D_2 R_{N+1} - D R'_1 - D_2 R'_1}{R_{N+1} R'_1 + R_{N+1} R''_1 + R'_1 R''_1} \tag{5.106}$$

式(5.93)、式(5.105)和式(5.106)就是描述三通模块的动态方程。

(4)管道 - 节流元件 - 管道模块

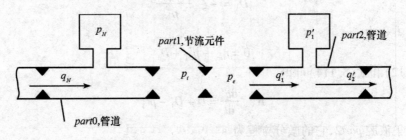

图5.10　管道 - 节流元件 - 管道连接示意图

描述管道–节流元件–管道模块的微分方程包括：

$$\chi_N \frac{\mathrm{d}p_N}{\mathrm{d}t} = q_N - q'_1 \tag{5.107}$$

$$(R_{N+1} + R'_1)\frac{\mathrm{d}q'_1}{\mathrm{d}t} = p_N - p'_1 - (\xi_{N+1} + \xi_s + \xi'_1)\frac{q'_1|q'_1|}{\rho} + (h_{N+1} + h'_1)\rho g \tag{5.108}$$

式中 $\chi_N = \dfrac{V\rho}{NK}$，$R_{N+1} = \dfrac{l}{2NA}$，$R'_1 = \dfrac{l'}{2N'A'}$，$h_{N+1} = \dfrac{h}{2N}$，$h'_1 = \dfrac{h'}{2N'}$。

（5）管道–阀–集液腔–毛细管–喷嘴–分解室模块

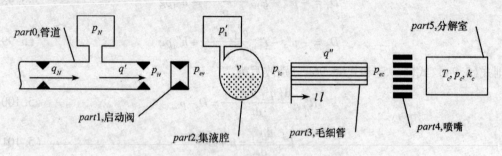

图 5.11　管道–阀–集液腔–毛细管–喷嘴–分解室连接示意图

管道 $part0$ 最后一段的压强方程为

$$\chi_N \frac{\mathrm{d}p_N}{\mathrm{d}t} = q_N - q', \quad \chi_N = \frac{V\rho}{NK} \tag{5.109}$$

管道 $part0$ 最后一段至启动阀的流量方程为

$$R_{N+1}\frac{\mathrm{d}q'}{\mathrm{d}t} = p_N - p_{ivo} - \xi_{N+1}\frac{q'|q'|}{\rho} + h_{N+1}\rho g \tag{5.110}$$

式中 $R_{N+1} = \dfrac{R}{2N}$，$h_{N+1} = \dfrac{h}{2N}$。若令

$$D = p_N - \xi_{N+1}\frac{q'|q'|}{\rho} + h_{N+1}\rho g \tag{5.111}$$

式（5.110）改写为

$$R_{N+1}\frac{\mathrm{d}q'}{\mathrm{d}t} = D - p_{ivo} \tag{5.112}$$

对于启动阀 $part1$，若令

$$D_1 = -\xi_{vo}\frac{q'|q'|}{\rho} \tag{5.113}$$

它的静态方程为

$$0 = p_{ivo} - p'_1 + D_1 \tag{5.114}$$

由式（5.112）和式（5.114）可得

$$R_{N+1}\frac{\mathrm{d}q'}{\mathrm{d}t} = D + D_1 - p'_1 \tag{5.115}$$

对于集液腔 $part2$，它的微分方程为

$$\chi'\frac{\mathrm{d}p'}{\mathrm{d}t} = q' - q'' \tag{5.116}$$

$$R(v)\frac{\mathrm{d}q''}{\mathrm{d}t} = p' - p_{ic} - \xi(v)\frac{q''|q''|}{\rho} \tag{5.117}$$

$$\frac{\mathrm{d}v}{\mathrm{d}t} = \frac{q' - q''}{\rho} \tag{5.118}$$

式中 $\chi' = \dfrac{(v + l\pi d_c^2 N_c/4)\rho}{K}$，$R(v) = \dfrac{v}{V}R_V$，$\xi(v) = \dfrac{v}{V}\xi_V$，$v$ 为集液腔内推进剂体积，V 为集液腔体积，l 为毛细管中推进剂充填长度，d_c 为毛细管内径，N_c 为毛细管根数。若令

$$D_2 = p' - \xi(v)\frac{q''|q''|}{\rho} \tag{5.119}$$

式(5.117)变为

$$R(v)\frac{\mathrm{d}q''}{\mathrm{d}t} = D_2 - p_{ic} \tag{5.120}$$

对于毛细管 $part3$，它的微分方程为

$$R(l)\frac{\mathrm{d}(q''/N_c)}{\mathrm{d}t} = p_{ic} - p_{ec} - \xi(l)\frac{(q''/N_c)|q''/N_c|}{\rho} + h(l)\rho g \tag{5.121}$$

$$\frac{\mathrm{d}l}{\mathrm{d}t} = \begin{cases} \dfrac{q''/N_c}{\rho F(l)}, & \text{当推进剂处于充填过程时} \\[3mm] -\dfrac{q''/N_c}{\rho F(l)}, & \text{当推进剂处于排空过程时} \end{cases} \tag{5.122}$$

式中 $R(l) = \displaystyle\int_0^l \frac{\mathrm{d}l}{A(l)}$，$h(l) = \dfrac{l}{l_c}h_c$，$l_c$ 为毛细管长度。若令

$$D_3 = -\frac{\xi(l)q''|q''|}{N_c^2}\frac{}{\rho} + h(l)\rho g \tag{5.123}$$

式(5.121)变为

$$\frac{R(l)}{N_c}\frac{\mathrm{d}q''}{\mathrm{d}t} = p_{ic} - p_{ec} + D_3 \tag{5.124}$$

对于喷嘴 $part4$，若令

$$D_4 = -\xi_n\frac{q''|q''|}{\rho} \tag{5.125}$$

它的静态方程为

$$0 = p_{ec} - p_c + D_4 \tag{5.126}$$

式(5.120)、式(5.124)和式(5.126)相加可得

$$\left[R(v) + \frac{R(l)}{N_c}\right]\frac{\mathrm{d}q''}{\mathrm{d}t} = D_2 + D_3 + D_4 - p_c \tag{5.127}$$

(6)管道 – 虚拟组件 – 管道模块

描述管道 – 虚拟组件 – 管道模块的微分方程包括：

$$\chi_N \frac{\mathrm{d}p_N}{\mathrm{d}t} = q_N - q \tag{5.128}$$

$$\chi_{N'}\frac{\mathrm{d}p_{N'}}{\mathrm{d}t} = q + q_{N'} \tag{5.129}$$

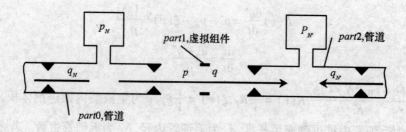

图 5.12　管道 – 虚拟组件 – 管道连接示意图

$$R_{N+1}\frac{\mathrm{d}q}{\mathrm{d}t} = p_N - p - \xi_{N+1}\frac{q|q|}{\rho} + h_{N+1}\rho g \tag{5.130}$$

$$R_{N'+1}\frac{\mathrm{d}q}{\mathrm{d}t} = p - p_{N'} - \xi_{N'+1}\frac{q|q|}{\rho} + h_{N'+1}\rho g \tag{5.131}$$

式中 $\chi_N = \dfrac{V\rho}{NK}$，$R_{N+1} = \dfrac{l}{2NA}$，$h_{N+1} = \dfrac{h}{2N}$，$\chi_{N'} = \dfrac{V'\rho}{N'K}$，$R_{N'+1} = \dfrac{l'}{2N'A'}$，$h_{N'+1} = \dfrac{h'}{2N'}$。式(5.130)加上式(5.131)可得

$$(R_{N+1} + R_{N'+1})\frac{\mathrm{d}q}{\mathrm{d}t} = p_N - p_{N'} - (\xi_{N+1} + \xi_{N'+1})\frac{q|q|}{\rho} + (h_{N+1} + h_{N'+1})\rho g \tag{5.132}$$

（7）分解室模块

$$\tau_o = ap^{-b} \tag{5.133}$$

$$\tau_f = cp^{-d} \tag{5.134}$$

$$\frac{\mathrm{d}m_{go}}{\mathrm{d}t} = q_{go1} - q_{go2} \tag{5.135}$$

$$\frac{\mathrm{d}m_{gf}}{\mathrm{d}t} = q_{gf1} - q_{gf2} \tag{5.136}$$

$$\frac{\mathrm{d}k_g}{\mathrm{d}t} = \frac{k_g + 1}{m_g}(q_{go1} - k_g q_{gf1}) \tag{5.137}$$

$$m_g \frac{\mathrm{d}(RT)}{\mathrm{d}t} = (\gamma - 1)\left(\frac{\gamma_1}{\gamma_1 - 1}R_1 T_1 q_{g1}\eta_c - \frac{\gamma_2}{\gamma_2 - 1}R_2 T_2 q_{g2}\right) - RT(q_{g1} - q_{g2}) \tag{5.138}$$

$$V_g \frac{\mathrm{d}p}{\mathrm{d}t} = (\gamma - 1)\left(\frac{\gamma_1}{\gamma_1 - 1}R_1 T_1 q_{g1}\eta_c - \frac{\gamma_2}{\gamma_2 - 1}R_2 T_2 q_{g2}\right) \tag{5.139}$$

（8）喷管模块

喷管流量为

$$q = \begin{cases} \dfrac{\mu p_c A_t}{\sqrt{RT_c}}\sqrt{\gamma\left(\dfrac{2}{\gamma+1}\right)^{\frac{\gamma+1}{\gamma-1}}} & \dfrac{p_a}{p_c} \leqslant \left(\dfrac{2}{\gamma+1}\right)^{\frac{\gamma}{\gamma-1}} \\[4mm] \dfrac{\mu p_c A_t}{\sqrt{RT_c}}\sqrt{\dfrac{2\gamma}{\gamma-1}\left[\left(\dfrac{p_a}{p_c}\right)^{\frac{2}{\gamma}} - \left(\dfrac{p_a}{p_c}\right)^{\frac{\gamma+1}{\gamma}}\right]} & \dfrac{p_a}{p_c} > \left(\dfrac{2}{\gamma+1}\right)^{\frac{\gamma}{\gamma-1}} \end{cases} \tag{5.140}$$

式中 μ 是喷管流量系数，p_a 是环境压强，p_c 是分解室燃气压强。

（9）电磁阀（有控制气体）模块

描述电磁阀（有控制气体）工作过程的状态方程包括：

$$U = iR_i + \frac{\mathrm{d}\Psi}{\mathrm{d}t} \tag{5.141}$$

$$iN = \Phi_\delta(R_\delta) + H_c L_c \tag{5.142}$$

$$m_{t1}\frac{\mathrm{d}u_1}{\mathrm{d}t} = F_{x1} + F_{p1} - F_{f1} - F_{c1} \tag{5.143}$$

$$\frac{\mathrm{d}x_1}{\mathrm{d}t} = u_1 \tag{5.144}$$

$$m_1\frac{\mathrm{d}T_1}{\mathrm{d}t} = q_{1in}\gamma T_i - q_{2in}\gamma T_j - q_{out}\gamma T_e - T_1(q_{1in} - q_{2in} - q_{out}) - \frac{\gamma-1}{R}p_1 A_{n1} u_1 \tag{5.145}$$

$$V_1\frac{\mathrm{d}p_1}{\mathrm{d}t} = q_{1in}\gamma R T_i - q_{2in}\gamma R T_j - q_{out}\gamma R T_e - \gamma p_1 A_{n1} u_1 \tag{5.146}$$

$$\frac{\mathrm{d}V_1}{\mathrm{d}t} = A_{n1} u_1 \tag{5.147}$$

$$m_{t2}\frac{\mathrm{d}u_2}{\mathrm{d}t} = F_{p2} - F_{f2} - F_{c2} \tag{5.148}$$

$$\frac{\mathrm{d}x_2}{\mathrm{d}t} = u_2 \tag{5.149}$$

$$m_2\frac{\mathrm{d}T_2}{\mathrm{d}t} = q_{2in}\gamma T_j - T_2 q_{2in} - \frac{\gamma-1}{R}p_2 A_{n2} u_2 \tag{5.150}$$

$$V_2\frac{\mathrm{d}p_2}{\mathrm{d}t} = q_{2in}\gamma R T_j - \gamma p_2 A_{n2} u_2 \tag{5.151}$$

$$\frac{\mathrm{d}V_2}{\mathrm{d}t} = A_{n2} u_2 \tag{5.152}$$

（10）电磁阀（无控制气体）模块

描述电磁阀（无控制气体）工作过程的状态方程包括：

$$U = iR_i + \frac{\mathrm{d}\Psi}{\mathrm{d}t} \tag{5.153}$$

$$iN = \Phi_\delta(R_\delta) + H_c L_c \tag{5.154}$$

$$m_t\frac{\mathrm{d}u}{\mathrm{d}t} = F_x + F_p - F_f - F_c \tag{5.155}$$

$$\frac{\mathrm{d}x}{\mathrm{d}t} = u \tag{5.156}$$

5.9　方程组的解法

由于在对每一仿真拼装模块进行建模时，不断地对中间变量进行化解与剔除，使方程组中每增加一个独立变量，必有一个独立的方程与之相对应，因此整个方程组的变量数目与方程数目始终相等,即构建的推进系统数学模型是封闭的。

在编程中,采用变步长四阶龙格-库塔法对方程组进行求解。具体算法见何渝2003年编著的《计算机常用数值算法与程序》(C++)(北京:人民邮电出版社)。

5.10 组件模块接口

(1)贮箱模块的名称及数据接口

表5.1 Tank(kind,kind1,p,d,x,number)

序 号	接口变量	说 明
1	kind	推进剂编号
2	kind1	每一分段的动态变量数
3	p	贮箱压强
4	d	贮箱内径
5	x	液面至贮箱顶距离
6	number	贮箱编号

(2)管道模块的名称及数据接口

表5.2 Pipeline(kind,kind1,p1,p2,q,L,d,h,b,ζ,nl)

序 号	接口变量	说 明
1	kind	推进剂编号
2	kind1	每一分段的动态变量数
3	p1	入口压强
4	p2	出口压强
5	q	流量
6	L	管道长度
7	d	管道内径
8	h	入口与出口之间的高度差
9	b	管壁厚度
10	ζ	局部阻力系数
11	nl	分段数

（3）节流元件模块的名称及数据接口

表 5.3　Static-element(kind,kind1,p1,p2,q,d,nl)

序　号	接口变量	说　明
1	kind	推进剂编号
2	kind1	每一分段的动态变量数
3	p1	入口压强
4	p2	出口压强
5	q	流量
6	d	孔板孔径
7	nl	分段数

（4）启动阀模块的名称及数据接口

表 5.4　Startup-Valve(kind,kind1,p1,p2,q,l,d,nl)

序　号	接口变量	说　明
1	kind	推进剂编号
2	kind1	每一分段的动态变量数
3	p1	入口压强
4	p2	出口压强
5	q	流量
6	l	阻力长度
7	d	阀座孔径
8	nl	分段数

（5）过滤器模块的名称及数据接口

表 5.5　Filter(kind,kind1,p1,p2,q,ξ,nl)

序　号	接口变量	说　明
1	kind	推进剂编号
2	kind1	每一分段的动态变量数
3	p1	入口压强
4	p2	出口压强
5	q	流量
6	ξ	流阻系数
7	nl	分段数

（6）集液腔模块的名称及数据接口

表5.6　Collector(kind,kind1,p1,p2,q,R,V,pg,nl)

序　号	接口变量	说　明
1	kind	推进剂编号
2	kind1	每一分段的动态变量数
3	p1	入口压强
4	p2	出口压强
5	q	流量
6	R	集液腔惯性流阻
7	V	集液腔容积
8	pg	排空时挤压气体压强（暂时未用）
9	nl	分段数

（7）毛细管模块的名称及数据接口

表5.7　Capillary(kind,kind1,p1,p2,q,L,d,h,b,ζ,number,nl)

序　号	接口变量	说　明
1	kind	推进剂编号
2	kind1	每一分段的动态变量数
3	p1	入口压强
4	p2	出口压强
5	q	流量
6	L	管道长度
7	d	管道内径
8	h	入口与出口之间的高度差
9	b	管壁厚度
10	ζ	局部阻力系数
11	number	毛细管根数
12	nl	分段数

(8)燃气管道模块的名称及数据接口

表 5.8　Gasline(kind,kind1,p1,p2,q,T,r,l,d1,d2,b,a_1,a_2,ml,nl)

序　号	接口变量	说　明
1	kind	推进剂编号
2	kind1	每一分段的动态变量数
3	p1	入口压强
4	p2	出口压强
5	q	流量
6	T	燃气温度
7	r	推进剂组元比
8	l	管道长度
9	d1	入口内径
10	d2	出口内径
11	b	管壁厚度
12	a_1	敏感时滞 $\tau = a_1 p^{-a_2}$
13	a_2	敏感时滞 $\tau = a_1 p^{-a_2}$
14	ml	液体推进剂质量
15	nl	分段数

(9)喷管模块的名称及数据接口

表 5.9　Convergent-Divergent-Nozzle(kind,kind1,p1,p2,q,dt,mu,pa,nl)

序　号	接口变量	说　明
1	kind	推进剂编号
2	kind1	每一分段的动态变量数
3	p1	入口压强
4	p2	出口压强
5	q	流量
6	dt	喷管喉部直径
7	mu	流量系数
8	pa	环境压强
9	nl	分段数

（10）喷嘴模块的名称及数据接口

表 5.10   Centrifugal-Nozzle（kind，kind1，p1，p2，q，dh，mu，number，nl）

序　号	接口变量	说　明
1	kind	推进剂编号
2	kind1	每一分段的动态变量数
3	p1	入口压强
4	p2	出口压强
5	q	流量
6	dh	喷嘴出口直径
7	mu	流量系数
8	number	喷嘴数目
9	nl	分段数

（11）电磁阀（有控制气体）模块的名称及数据接口

表 5.11   Valve（kind，kind1，tS，dt1，dt2，tE，Psi，U，R，Lm，v1，m1t，nB，aq，h1min，h1max，dn1，Fc01，c1，Ffs1，f1，x1，p1，gama，Rg，mui1，di1，d，muo1，do1，mul，dl，T1，V1，v2，m2t，h2min，h2max，dn2，dnox，dnfu，Fc02，c2，Ffs2，f2，x2，p2，T2，V2，d1，d2，Lk）

kind	推进剂编号	kind1	每一分段的动态变量数
tS	电磁阀通电（打开）时刻	dt1	阀通电时间间隔（脉冲工作）
dt2	阀断电时间间隔（脉冲不工作）	tE	阀断电（关闭）时刻
Psi	电磁系统全磁链	U	线圈励磁电压
R	电阻	Lm	磁路中磁导体的有效长度
v1	电磁气动阀活塞速度	m1t	电磁系统运动组件折算为铁心极面中心质量
nB	线圈匝数	aq	衔铁吸动面积
h1min	电磁气动阀闭合气隙	h1max	电磁气动阀最大气隙
dn1	电磁气动阀活塞杆中轴直径	Fc01	电磁气动阀弹簧预紧力
c1	电磁气动阀弹簧刚度	Ffs1	电磁气动阀静摩擦力
f1	电磁气动阀摩擦系数	x1	电磁气动阀活塞位移
p1	电磁气动阀控制腔气体压强	gama	工质气体的比热比
Rg	工质气体常数	mui1	电磁气动阀控制腔入口的流量系数
di1	电磁气动阀控制腔入口直径	d	电磁气动阀球头直径
muo1	气动液阀控制腔入口的流量系数	do1	气动液阀控制腔入口直径

（续表）

kind	推进剂编号	kind1	每一分段的动态变量数
mul	电磁气动阀控制腔泄压口的流量系数	dl	电磁气动阀控制腔泄压口直径
T1	电磁气动阀控制腔气体温度	V1	电磁气动阀控制腔容积
v2	气动液阀活塞速度	m2t	气动液阀运动件质量
h2min	气动液阀活塞最小位移	h2max	气动液阀活塞最大位移
dn2	气动液阀活塞杆中轴直径	dnox	氧化剂入口活塞杆中轴直径
dnfu	燃料入口活塞杆中轴直径	Fc02	气动液阀弹簧预紧力
c2	气动液阀弹簧刚度	Ffs2	气动液阀静摩擦力
f2	气动液阀摩擦系数	x2	气动液阀活塞位移
p2	气动液阀控制腔气体压强	T2	气动液阀控制腔气体温度
V2	气动液阀控制腔容积	d1	线圈组件内直径
d2	线圈组件外直径	Lk	线圈组件高度

（12）电磁阀（无控制气体）模块的名称及数据接口

表 5.12　Valve1（kind,kind1,tS,dt1,dt2,tE,Psi, U,R,Lm,v,mt,nB,aq,hmin,hmax,dn,Fc0, c,Ffs,f,x,d,d1,d2,Lk）

kind	推进剂编号	kind1	每一分段的动态变量数
tS	电磁阀通电（打开）时刻	dt1	阀通电时间间隔（脉冲工作）
dt2	阀断电时间间隔（脉冲不工作）	tE	阀断电（关闭）时刻
Psi	电磁系统全磁链	U	线圈励磁电压
R	电阻	Lm	磁路中磁导体的有效长度
v	电磁阀活塞速度	mt	电磁系统运动组件折算为铁心极面中心质量
nB	线圈匝数	aq	衔铁吸动面积
hmin	电磁阀闭合气隙	hmax	电磁阀最大气隙
dn	电磁阀活塞杆中轴直径	Fc0	电磁阀弹簧预紧力
c	电磁阀弹簧刚度	Ffs	电磁阀静摩擦力
f	电磁阀摩擦系数	x	电磁阀活塞位移
d	电磁阀活塞杆头部圆板直径	d1	线圈组件内直径
d2	线圈组件外直径	Lk	线圈组件高度

第六章　凝胶推进系统工作过程仿真分析

6.1　贮箱压强变化的影响

　　凝胶推进剂是粘稠状的非牛顿流体,只有在贮箱的压强足够大时,才能使凝胶推进剂在供应管道中较快地流动。图6.1～图6.8是贮箱出口管道和分解室的压强与流量曲线。其中推进系统工作程序选为0.3s+10×0.5s/0.5s("0.3s"表示第一个脉冲前的待机时间,"10"表示10个脉冲,第一个"0.5s"表示脉冲工作时间,第二个"0.5s"表示脉冲间隔时间);此外设定贮箱压强在10秒内比额定值分别降低了14.29%、28.57%和42.86%。

　　由图6.1和图6.2可以看出,贮箱压强对供应系统管道中压强和流量的影响很大。当贮箱压强线性下降时,管道中压强和流量在每一个脉冲工作时间内基本呈线性下降趋势。从图6.1中还知,贮箱压强降低没有引起贮箱出口管道的冲击压强显著变化。这是由于冲击压强与推进系统开启过程、流固耦合状况、推进剂流动的能量水平(动能与势能之和)、推进剂流动流型有关。而贮箱压强降低以后,供应系统中推进剂与正常情况一样,能量水平比较低,流动处于层流状态,此时推进剂的粘性阻力比较强,不会诱发管道推

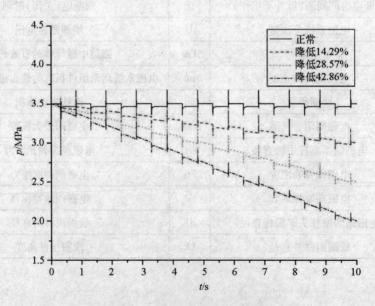

图6.1　贮箱出口管道的压强曲线

进剂流动产生强烈的冲击现象。

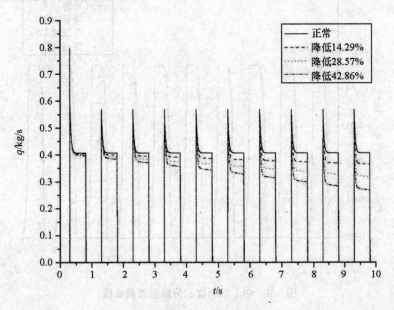

图6.2 贮箱出口管道的流量曲线

贮箱压强对推力室的影响如图6.3～图6.8所示。伴随贮箱压强线性下降,中1推力室、中2推力室和小推力室的分解室压强和流量在每一个脉冲工作时间内基本呈线性下降趋势,进而引起推力室推力也随之降低,这样推进系统就满足不了空间飞行器的推力要求。因此气瓶后减压阀必须可靠地工作,以保证凝胶推进剂有恒定的贮箱压强。

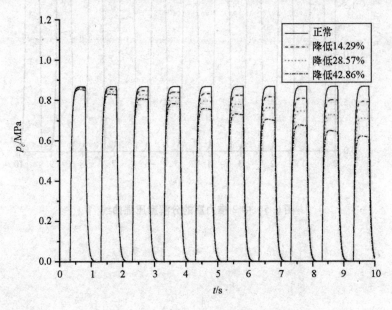

图6.3 中1推力室的分解室压强曲线

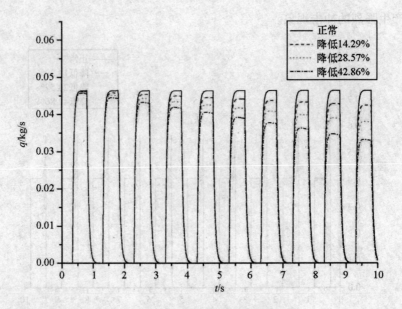

图 6.4 中 1 推力室的分解室流量曲线

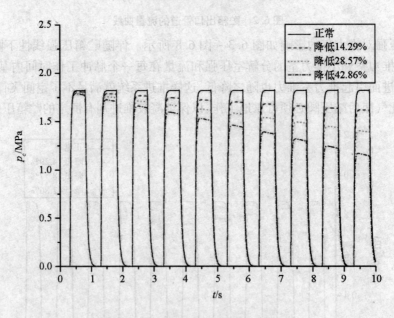

图 6.5 中 2 推力室的分解室压强曲线

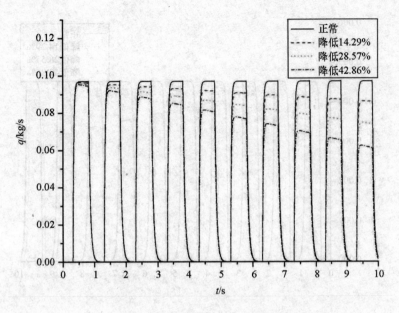

图 6.6 中 2 推力室的分解室流量曲线

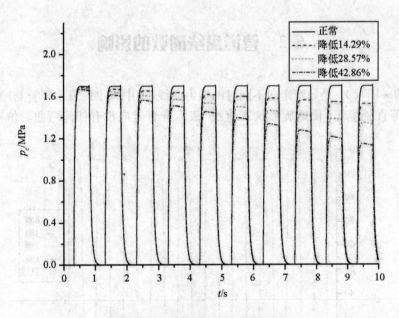

图 6.7 小推力室的分解室压强曲线

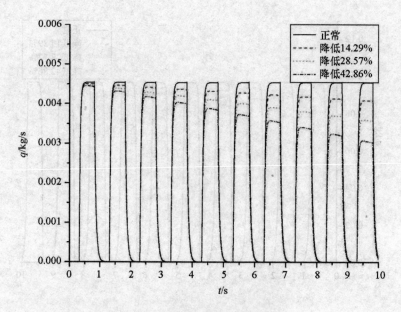

图 6.8　小推力室的分解室流量曲线

6.2　管道盘绕圈数的影响

图 6.9～图 6.11 是导管走向不同时的推力曲线,图中"n 圈"表示环管与喷注器之间的导管以等直径卷成 n 圈螺旋形状,"直线"表示导管走向没有任何弯曲。仿真时,所有

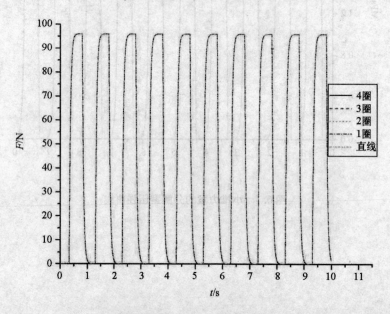

图 6.9　中 1 推力室的推力曲线

推力室前的电磁阀的工作程序都选为 $0.3s + 10 \times 0.5s/0.5s$。从这三个图知,虽然环管与喷注器之间的导管卷成不同的形状,但对中 1 推力室、中 2 推力室和小推力室的推力影响很小,几乎可以忽略不计。这说明因导管走向而产生的局部阻力很小,不至于明显地改变凝胶推进系统的工作状态。这是在导管走向连续光滑时所得到的结论,如果在导管弯曲时出现对折或其它急剧改变流通面积的情形,以上结论将不成立。

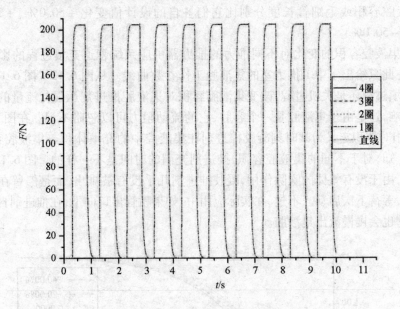

图 6.10　中 2 推力室的推力曲线

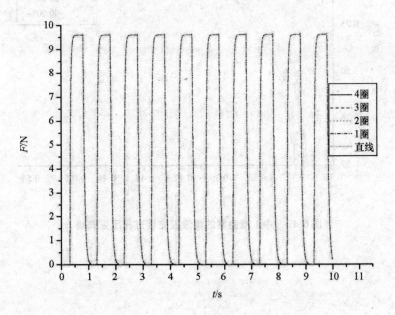

图 6.11　小推力室的推力曲线

6.3 充填与关机过程分析

在供应系统管道充填与关机过程仿真时,推进系统工作程序设为 0.3s + 1 × 0.5s/0.5s;集液腔容积或毛细管长度分别比它们各自的设计值变化 +50.0%、+20.0%、−20.0% 和 −50.0%。

由于集液腔容积的变化对不同推力的推力器供应系统管道充填过程的影响是类似的,所以在此只给出了中 1 推力室的集液腔工作参数曲线。从图 6.12 ～ 图 6.15 知,对于无论是充填过程还是关机过程,改变集液腔容积对集液腔推进剂压强与流量的稳态值几乎没有影响,这是由于集液腔是一个容腔,它的流动阻力可以忽略不记。在图 6.16 和图 6.17 中,相对体积定义为某时刻凝胶推进剂在集液腔中的充填体积与集液腔容积之比。从图 6.16 知,对于不同的集液腔容积,推进剂充满的时间是不一样的。图 6.17 显示,在关机过程,由于没有气体的吹除作用,凝胶推进剂几乎没有被排出,而是停留在集液腔和毛细管中,等待下次启动。不过,在实际应用中,如果喷管出口向下,在推进剂自身重力的作用下,它也会慢慢流出集液腔。

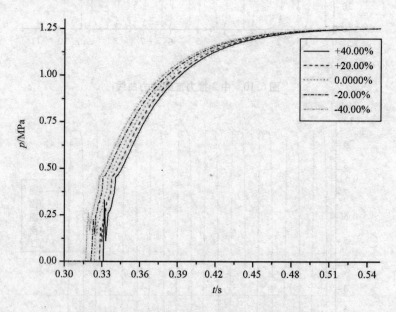

图 6.12 中 1 推力室的集液腔充填过程压强曲线

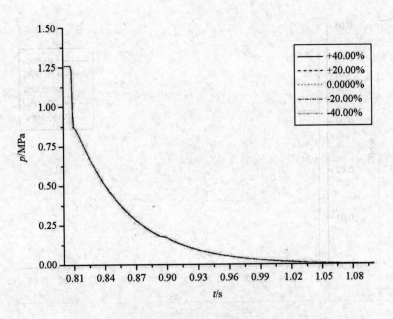

图 6.13　中 1 推力室的集液腔关机过程压强曲线

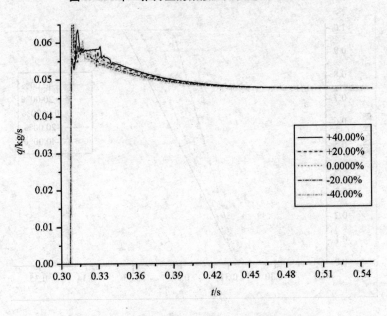

图 6.14　中 1 推力室的集液腔充填过程流量曲线

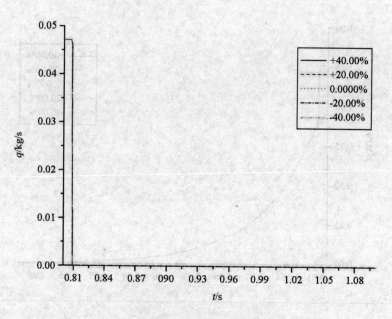

图 6.15　中 1 推力室的集液腔关机过程流量曲线

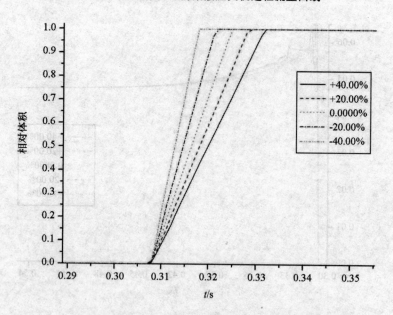

图 6.16　中 1 推力室的集液腔充填过程相对体积曲线

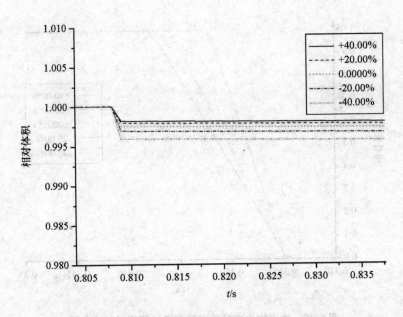

图 6.17　中 1 推力室的集液腔关机过程相对体积曲线

从图 6.18、图 6.20 和图 6.22 知,当毛细管长度改变以后,毛细管充填过程推进剂流量的稳态值发生了细微的变化。这是由于毛细管是阻力组件,它的沿程阻力与其长度成正比,这样由于阻力的不同会引起供应系统的流动状态不一样。在图 6.19、图 6.21 和图 6.23 中,相对长度定义为某时刻推进剂在毛细管中的充填长度与毛细管长度之比。从图 6.21 中知,由于不同的毛细管长度对应不同的推进剂充填容积,使得推进剂充填过程的终止时刻是不一样的。

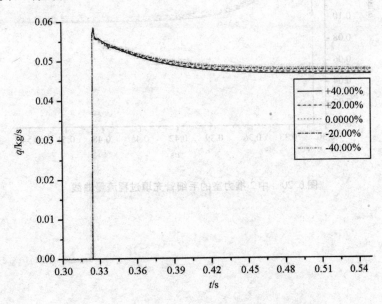

图 6.18　中 1 推力室的毛细管充填过程流量曲线

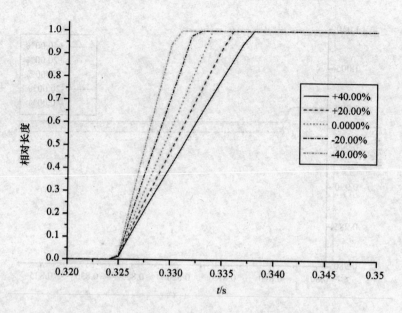

图 6.19　中 1 推力室的毛细管充填过程相对长度曲线

如图 6.18、图 6.19 和图 6.20 所示，通过对比毛细管的相对长度和质量流量随时间的变化曲线可以得知，随着初始推进剂密度的增大，毛细管充填过程中的质量流量也随之增大，因此毛细管充填的时间随之减小。从图 6.21 可以看出，随着毛细管内初始压力的增大，毛细管充填的时间也随之减小。图 6.22 则是毛细管充填时间随初始温度的变化曲线，图 6.23 则是毛细管充填时间随初始压力变化的曲线。

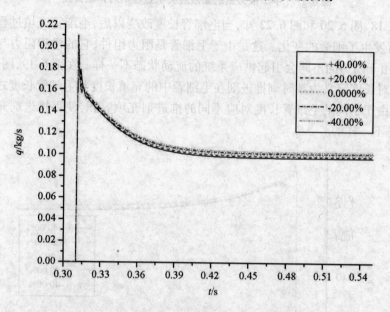

图 6.20　中 2 推力室的毛细管充填过程流量曲线

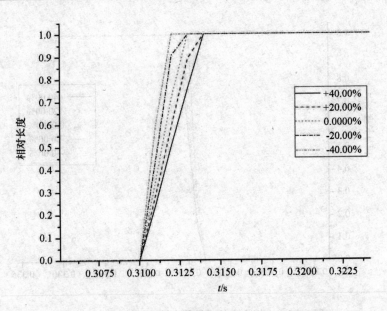

图 6.21　中 2 推力室的毛细管充填过程相对长度曲线

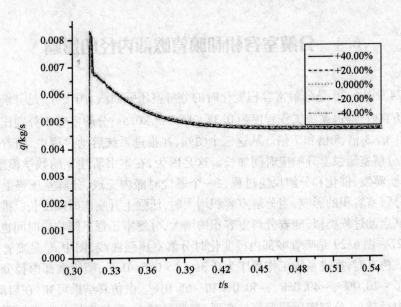

图 6.22　小推力室的毛细管充填过程流量曲线

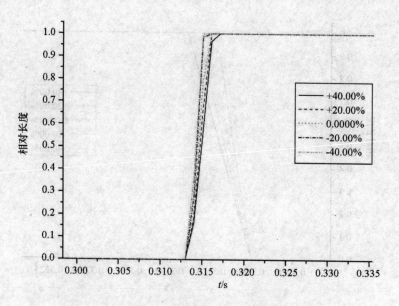

图 6.23　小推力室的毛细管充填过程相对长度曲线

6.4　分解室容积和喷管喉部内径的影响

图 6.24 ~ 图 6.26 是分解室容积变化时的分解室压强曲线,图中 V_c 是分解室容积的设计值。仿真时,推进系统工作程序为 $0.3s + 4 \times 0.5s/0.5s$;分解室容积分别比其设计值 V_c 增大了 1 倍、3 倍、5 倍和 7 倍。从这三个图知,在推进系统启动过程中,随着分解室容积的增大,分解室压强上升响应时间加长。这是因为,在本书所建立的数学模型中,假设推进剂雾化、蒸发、催化和分解反应过程在一个燃烧时滞内完成,分解室压强上升的快慢主要受到分解室容积的影响,当分解室容积增大时,压强上升响应时间变长。推进系统关机过程与其启动过程类似,随着分解室容积的增大,分解室压强下降响应时间也加长。

图 6.27 ~ 图 6.29 是喷管喉部内径变化时分解室压强曲线,图中 d_t 是喷管喉部内径的设计值。仿真时,推进系统工作程序为 $0.3s + 4 \times 0.5s/0.5s$;喷管喉部内径分别比其设计值变化了 -20.0%、-40.0%、-50.0% 和 -65.0%。由仿真结果可知:在启动过程中,喷管喉部内径越小,分解室压强振荡越剧烈,超调量越大,且稳定后分解室压强增大。特别是在喷管喉部内径小于某一值以后(比如 $0.4d_t$),分解室压强在稳态过程出现了低频振荡,在推进系统设计中应避免出现的这种情况。

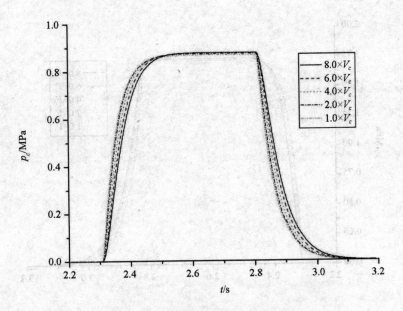

图 6.24　中 1 推力室的分解室压强曲线

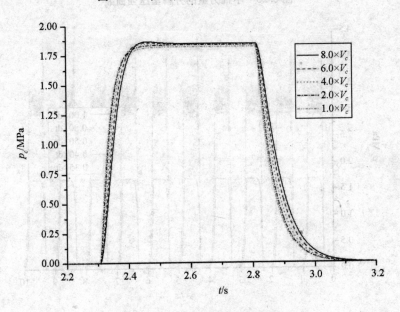

图 6.25　中 2 推力室的分解室压强曲线

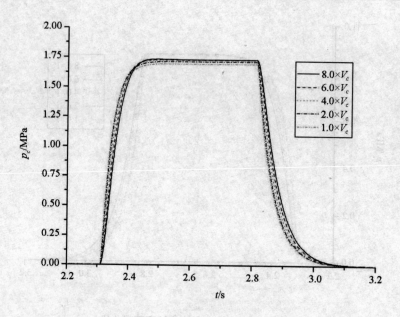

图 6.26 小推力室的分解室压强曲线

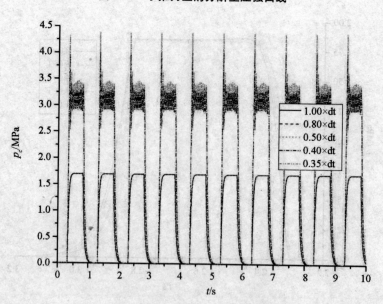

图 6.27 中 1 推力室的分解室压强曲线

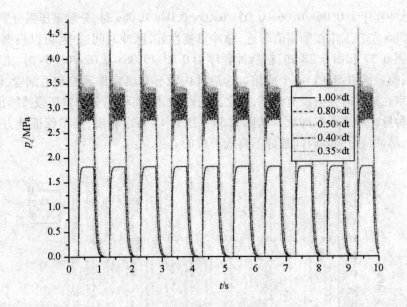

图 6.28　中 2 推力室的分解室压强曲线

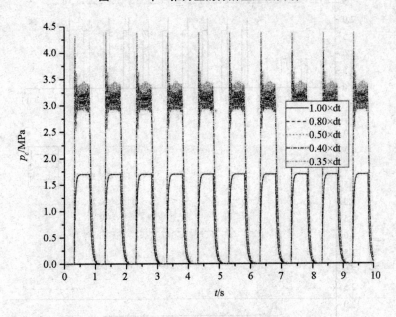

图 6.29　小推力室的分解室压强曲线

6.5　脉冲程序分析

从图 6.30～图 6.33 知,对于脉冲程序为 0.2s/0.5s、0.1s/0.5s、0.06s/0.1s、0.06s/
0.08s 时,分解室在脉冲工作时间内都能建压,并且脉冲重复性好,但脉冲时间(脉冲工作
时间与脉冲间隔时间之和)太长,可用于推进系统脉冲程序设计参考。图 6.34～图 6.36

表明,在脉冲程序为 0.06s/0.06s、0.05s/0.05s、0.04s/0.06s 时,分解室压强分别有 35ms、25ms 和 15ms 左右工作在额定值附近,脉冲重复性好,脉冲时间适中,可以根据要求选择使用。从图 6.37 和图 6.38 知,在脉冲程序为 0.03s/0.06s、0.02s/0.06s 时,由于脉冲工作时间短,凝胶推进剂在第一个或第二个脉冲内没有充填完集液腔和毛细管,使得中 2/中 1 推力室在这段时间内没有建压;加之,在脉冲工作时间内,分解室压强持续出现波动,因此这两种脉冲程序予以淘汰。从图 6.39 ~ 图 6.41 可以看出,为了保证推力器正常开机与关机,脉冲最短间隔时间最好不要低于 0.03s。

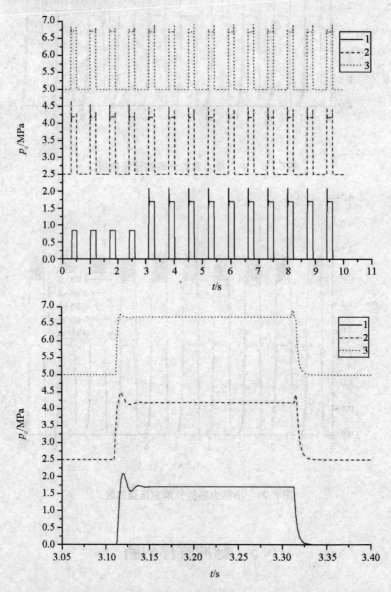

1 - 中推力室压强;2 - 中推力室压强 + 2.5MPa;3 - 小推力室压强 + 5.0MPa

图 6.30　脉冲程序为 0.3s + 14 × 0.2s/0.5s 时分解室压强曲线

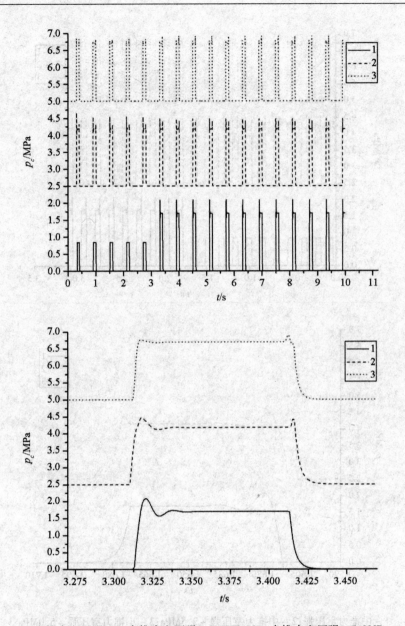

1 - 中推力室压强;2 - 中推力室压强 + 2.5MPa;3 - 小推力室压强 + 5.0MPa

图 6.31　脉冲程序为 0.3s + 16 × 0.1s/0.5s 时分解室压强曲线

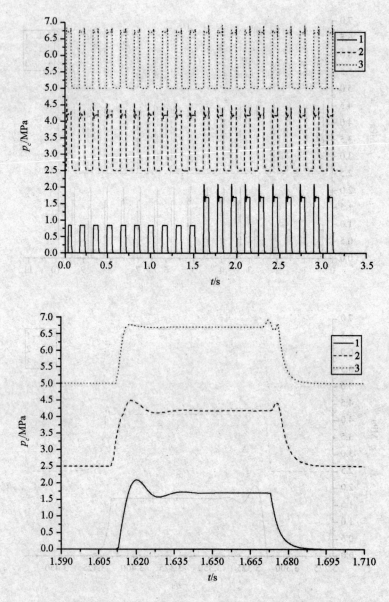

1－中推力室压强;2－中推力室压强＋2.5MPa;3－小推力室压强＋5.0MPa

图6.32　脉冲程序为$20 \times 0.06s/0.1s$时分解室压强曲线

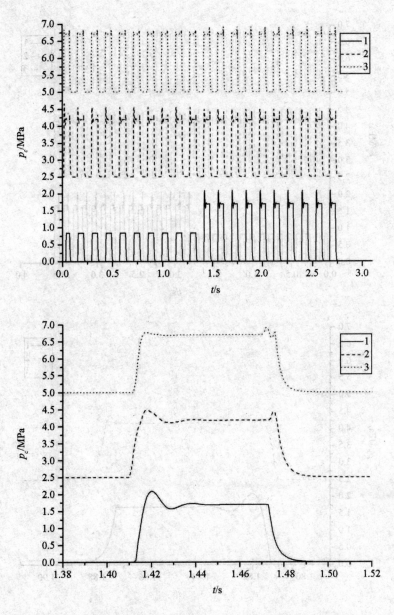

1 - 中推力室压强;2 - 中推力室压强 + 2.5MPa;3 - 小推力室压强 + 5.0MPa

图 6.33　脉冲程序为 20 × 0.06s/0.08s 时分解室压强曲线

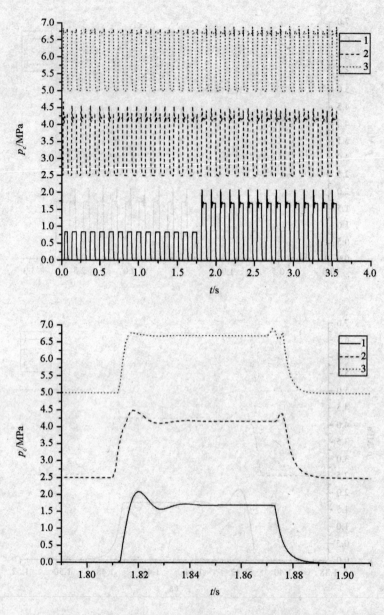

1 – 中推力室压强;2 – 中推力室压强 + 2.5MPa;3 – 小推力室压强 + 5.0MPa

图 6.34 脉冲程序为 30 × 0.06s/0.06s 时分解室压强曲线

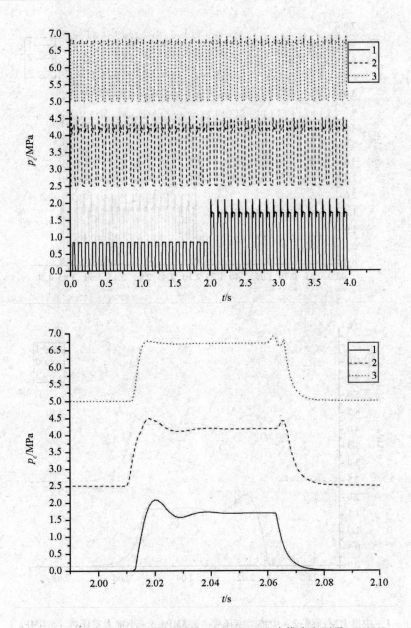

1 - 中推力室压强;2 - 中推力室压强 + 2.5MPa;3 - 小推力室压强 + 5.0MPa

图 6.35　脉冲程序为 40 × 0.05s/0.05s 时分解室压强曲线

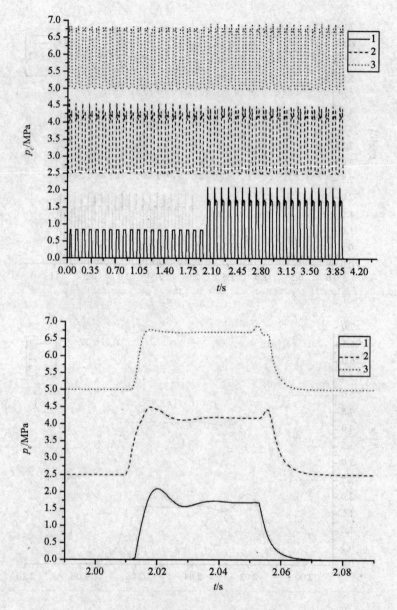

1 - 中推力室压强;2 - 中推力室压强 + 2.5MPa;3 - 小推力室压强 + 5.0MPa

图 6.36　脉冲程序为 40 ×0.04s/0.06s 时分解室压强曲线

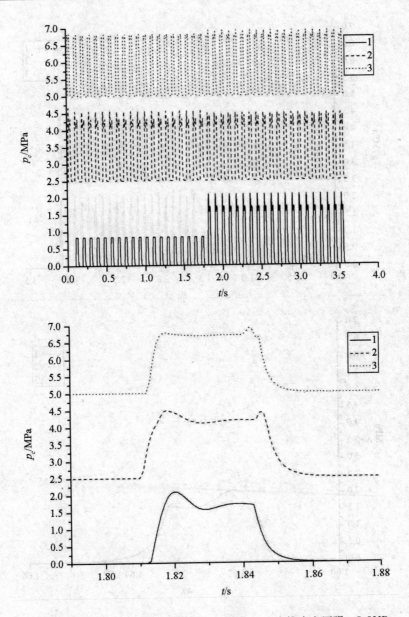

1-中推力室压强;2-中推力室压强+2.5MPa;3-小推力室压强+5.0MPa

图6.37　脉冲程序为40×0.03s/0.06s时分解室压强曲线

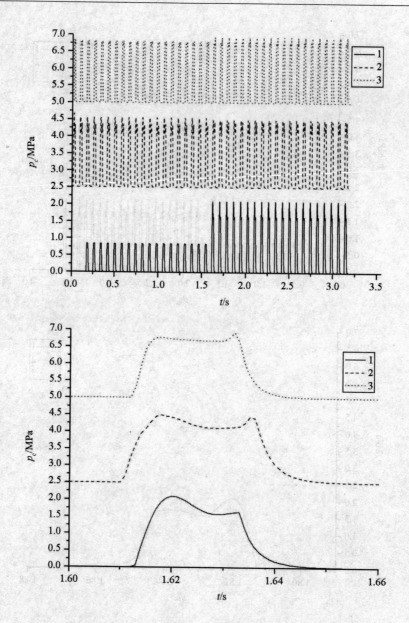

1 - 中推力室压强;2 - 中推力室压强 + 2.5MPa;3 - 小推力室压强 + 5.0MPa

图 6.38 脉冲程序为 40 × 0.02s/0.06s 时分解室压强曲线

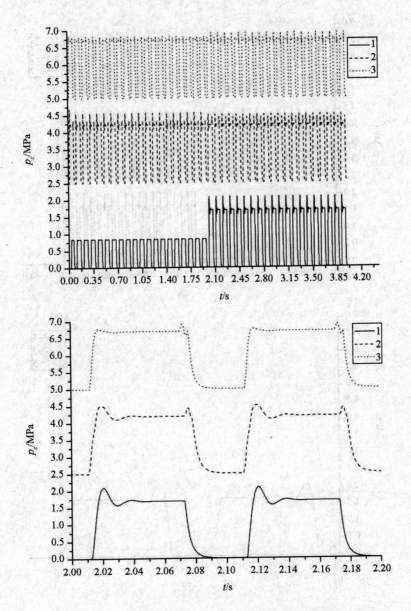

1 – 中推力室压强;2 – 中推力室压强 + 2.5MPa;3 – 小推力室压强 + 5.0MPa

图 6.39　脉冲程序为 $40 \times 0.06s/0.04s$ 时分解室压强曲线

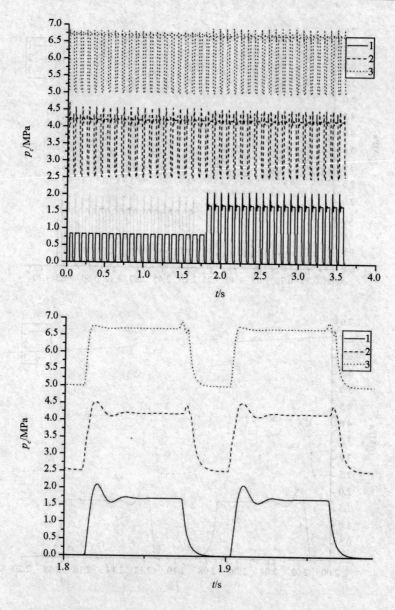

1 – 中推力室压强;2 – 中推力室压强 + 2.5MPa;3 – 小推力室压强 + 5.0MPa

图 6.40　脉冲程序为 40 × 0.06s/0.03s 时分解室压强曲线

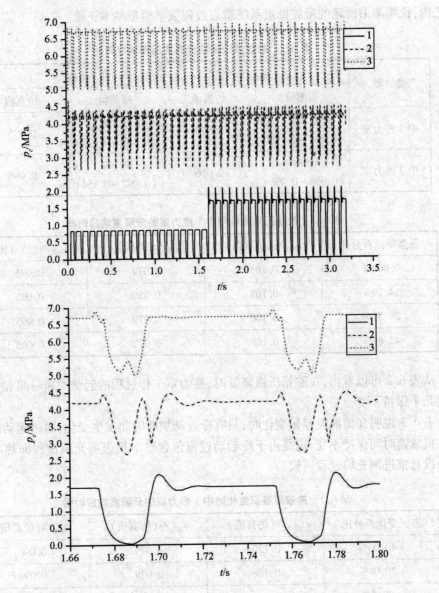

1 - 中推力室压强;2 - 中推力室压强 + 2.5MPa;3 - 小推力室压强 + 5.0MPa

图6.41 脉冲程序为 40×0.06s/0.02s 时分解室压强曲线

6.6 响应时间分析

凝胶推进系统瞬态过程的响应时间主要包括起动加速时间 t_{80} 和关机减速时间 t_{20},其中 t_{80} 定义为电磁阀通电至室压或推力上升至其稳态值80%的时间,t_{20} 定义为电磁阀断电至室压或推力下降至其稳态值20%的时间。表6.1是推进系统正常状态时分解室压强响应时间,从表中响应时间实测值与仿真值的对比可以看出,仿真值基本分布在实测值范围之内,说明本书所建的凝胶推进系统瞬态过程数学模型基本正确。

表 6.1   凝胶推进系统分解室压强响应时间

类 型	$t_{80热}/s$		$t_{20热}/s$	
	实测值	仿真值	实测值	仿真值
中 1 推力室	0.119 (0.064 ~ 0.146)	0.079	0.148 (0.109 ~ 0.172)	0.095
中 2 推力室	0.068 (0.058 ~ 0.096)	0.056	0.102 (0.092 ~ 0.154)	0.096

表 6.2   贮箱压强降低时中 1 推力室的分解室响应时间

压强降低百分比	$t_{80冷}/s$(仿真值)	$t_{80热}/s$(仿真值)	$t_{20热}/s$(仿真值)
0.000%	0.105	0.079	0.095
14.29%	0.108	0.080	0.095
28.57%	0.106	0.079	0.095
42.86%	0.108	0.079	0.095

从表 6.2 可以看出,在贮箱压强降低时,推力室工作过程的起动加速时间和关机减速时间几乎保持不变。

表 6.3 说明在集液腔容积变化时,只有冷起动加速时间发生变化,而热起动加速时间和关机减速时间保持不变,这是由于冷起动过程包含整个推进剂充填过程而热起动过程几乎没有推进剂充填过程所致。

表 6.3   集液腔容积变化时中 1 推力室的分解室响应时间

容积变化百分比	$t_{80冷}/s$(仿真值)	$t_{80热}/s$(仿真值)	$t_{20热}/s$(仿真值)
+40.00%	0.120	0.079	0.096
+20.00%	0.108	0.079	0.096
0.0000%	0.105	0.079	0.095
-20.00%	0.101	0.079	0.095
-40.00%	0.098	0.079	0.095

从表 6.4 可以看出,虽然毛细管长度变化时不仅会影响充填过程而且还会改变推进系统状态,但是它对推力室工作过程起动加速时间和关机减速时间的影响并不是很大。

表 6.5 说明分解室容积增大时其起动加速时间和关机减速时间都变长。

表6.4   毛细管长度变化时中1推力室的分解室响应时间

长度变化百分比	$t_{80冷}$/s(仿真值)	$t_{80热}$/s(仿真值)	$t_{20热}$/s(仿真值)
+40.00%	0.108	0.083	0.096
+20.00%	0.106	0.079	0.096
0.0000%	0.105	0.079	0.095
−20.00%	0.104	0.080	0.095
−40.00%	0.102	0.080	0.095

表6.5   中1推力室的分解室容积变化时响应时间

容积变化百分比	$t_{80冷}$/s(仿真值)	$t_{80热}$/s(仿真值)	$t_{20热}$/s(仿真值)
+700.0%	0.136	0.110	0.125
+500.0%	0.125	0.104	0.114
+300.0%	0.115	0.094	0.107
+100.0%	0.109	0.086	0.096
0.0000%	0.105	0.079	0.095

6.7   水击特性分析

在推进剂输送过程中,由于管道电磁阀的关闭或开启引起管内推进剂压强发生急剧交替升降的波动过程称为冲击。把流速聚变和管内推进剂产生巨大压强的现象称为水击现象或者水锤现象[17](water hammer),产生的压强称为水击压强。管道出现水击的内因是由于推进剂具有压缩性,流动的推进剂具有能量和惯性,管壁具有弹性,推进剂与管壁的这些性质使输送推进剂的管道具备发生水击的弹性与动力[18,19],如图6.42 所示。

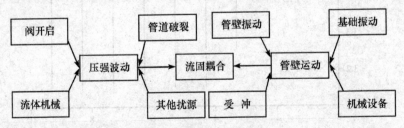

图6.42   水击与管道之间的影响示意图

在水击特性分析时,本书通过对推进系统主要管道进行计算,发现凝胶推进剂在管内流动的雷诺数为300 左右,远远小于临界雷诺数值2300,于是推进剂流动处于层流区域,流动阻力比较大,可以有效减小水击作用。此外,由于在喷注器中装有毛细管进行限流,这样极大地减缓了喷前推进剂流动的冲击响应。图6.43 和图6.44 同样说明了这一结论,集液腔压强波动范围介于 $-3.8\% \sim 50\%$,远小于警戒值 $\pm 400\%$;贮箱出口管道压强波动范围介于 $-10.0\% \sim 11.5\%$,小于警戒值 $\pm 20\%$ 。因此对于凝胶推进剂供应系统,由于系统设计比较好,没有出现水击现象。

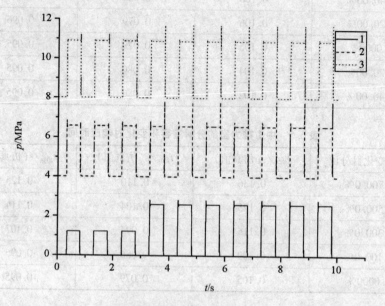

1 - 中推力室压强;2 - 中推力室压强 + 4.0MPa;3 - 小推力室压强 + 8.0MPa

图 6.43　集液腔压强曲线

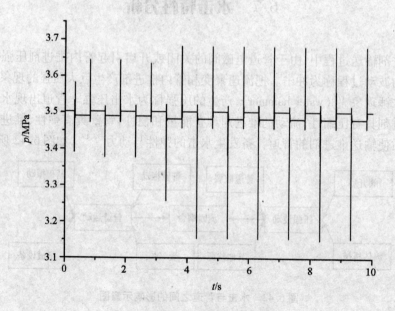

图 6.44　贮箱出口管道的压强曲线

6.8　流量匹配分析

图 6.46 ~ 图 6.49 是推进系统工作程序没有交叉情况下的推力室流量曲线,下标"i"和"e"分别表示推力室进口和出口流量。仿真时,所有推力器工作程序为 $0.3s + 10 \times 0.5s/0.5s$。从这五个图知,在推进系统稳态过程,推力室流量在设计值附近变化,每一个推力室流量满足工作要求;每一个推力室进口与出口流量基本重合,只是在启动或关机过程有一点分离,这是由于在推力室瞬态过程中有推进剂质量的净流入或净流出所致。

图 6.50 ~ 图 6.53 用于显示中 2 推力室和小推力室开关动作对中 2/中 1 推力室稳态过程的影响。仿真时,中 2 推力室和小推力室工作程序为 $0.4s + 3 \times 0.4s/0.4s$,中 2/中 1 推力室工作程序为 $0.3s + 2 \times 0.6s/0.5s$。从图中知,虽然中 2 推力室和小推力室开关过程造成 16 条中 2/中 1 推力室流量曲线波动介于 $-19.7\% \sim 21.6\%$,8 条推力曲线波动介于 $-9.7\% \sim 5.8\%$,但收敛很快。

图 6.54 和图 6.55 用于显示中 2/中 1 推力室和小推力室开关动作对中 2 推力室稳态过程的影响。仿真时,中 2/中 1 推力室和小推力室工作程序为 $0.6s + 4 \times 0.25s/0.25s$,中 2 推力室工作程序为 $0.3s + 1 \times 1.5s/0.7s$。从图中知,中 2/中 1 推力室和小推力室开关过程造成 8 条中 2 推力室流量曲线波动介于 $-55.5\% \sim 50.5\%$,4 条推力曲线波动介于 $-23.7\% \sim 13.7\%$,收敛同样很快。

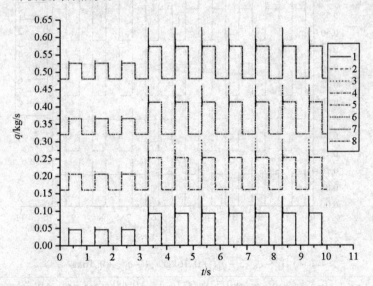

$1 - q_{1i}; 2 - q_{1e}; 3 - q_{2i} + 0.16kg/s; 4 - q_{2e} + 0.16kg/s;$

$5 - q_{3i} + 0.32kg/s; 6 - q_{3e} + 0.32kg/s; 7 - q_{4i} + 0.48kg/s; 8 - q_{4e} + 0.48kg/s$

图 6.45　推力室 1~4# 流量曲线

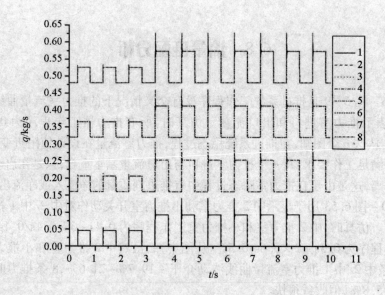

$1 - q_{5i};2 - q_{5e};3 - q_{6i} + 0.16\text{kg/s};4 - q_{6e} + 0.16\text{kg/s};$

$5 - q_{7i} + 0.32\text{kg/s};6 - q_{7e} + 0.32\text{kg/s};7 - q_{8i} + 0.48\text{kg/s};8 - q_{8e} + 0.48\text{kg/s}$

图 6.46　推力室 5 ~ 8#流量曲线

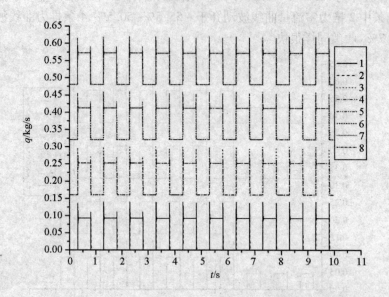

$1 - q_{9i};2 - q_{9e};3 - q_{10i} + 0.16\text{kg/s};4 - q_{10e} + 0.16\text{kg/s};$

$5 - q_{11i} + 0.32\text{kg/s};6 - q_{11e} + 0.32\text{kg/s};7 - q_{12i} + 0.48\text{kg/s};8 - q_{12e} + 0.48\text{kg/s}$

图 6.47　推力室 9 ~ 12#流量曲线

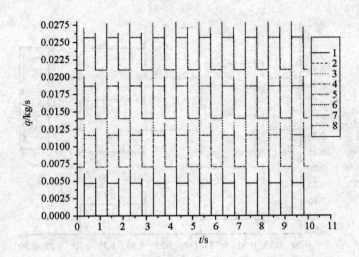

$1-q_{13i};2-q_{13e};3-q_{14i}+0.007\mathrm{kg/s};4-q_{14e}+0.007\mathrm{kg/s};$

$5-q_{15i}+0.014\mathrm{kg/s};6-q_{15e}+0.014\mathrm{kg/s};7-q_{16i}+0.021\mathrm{kg/s};8-q_{16e}+0.021\mathrm{kg/s}$

图 6.48　推力室 13~16#流量曲线

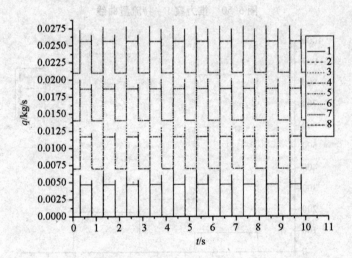

$1-q_{17i};2-q_{17e};3-q_{18i}+0.007\mathrm{kg/s};4-q_{18e}+0.007\mathrm{kg/s};$

$5-q_{19i}+0.014\mathrm{kg/s};6-q_{19e}+0.014\mathrm{kg/s};7-q_{20i}+0.021\mathrm{kg/s};8-q_{20e}+0.021\mathrm{kg/s}$

图 6.49　推力室 17~20#流量曲线

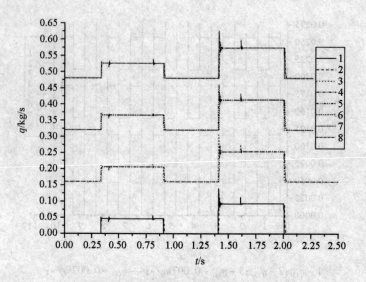

$1 - q_{1i};2 - q_{1e};3 - q_{2i} + 0.16\text{kg/s};4 - q_{2e} + 0.16\text{kg/s};$

$5 - q_{3i} + 0.32\text{kg/s};6 - q_{3e} + 0.32\text{kg/s};7 - q_{4i} + 0.48\text{kg/s};8 - q_{4e} + 0.48\text{kg/s}$

图 6.50　推力室 1～4#流量曲线

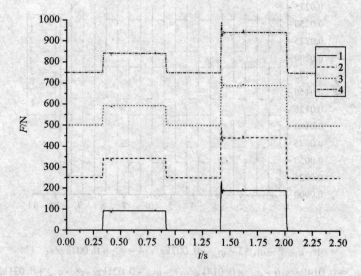

$1 - F_1;2 - F_2 + 250\text{N};3 - F_3 + 500\text{N};4 - F_4 + 750\text{N}$

图 6.51　推力室 1～4#推力曲线

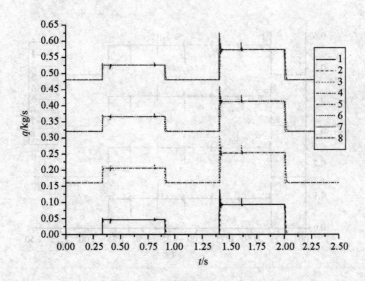

$$1-q_{5i};2-q_{5e};3-q_{6i}+0.16kg/s;4-q_{6e}+0.16kg/s;$$
$$5-q_{7i}+0.32kg/s;6-q_{7e}+0.32kg/s;7-q_{8i}+0.48kg/s;8-q_{8e}+0.48kg/s$$

图 6.52　推力室 5 ~ 8#流量曲线

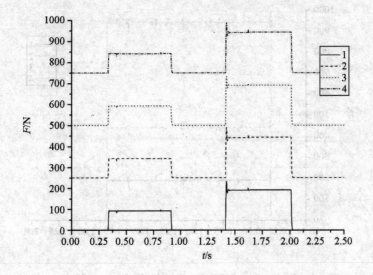

$$1-F_5;2-F_6+250N;3-F_7+500N;4-F_8+750N$$

图 6.53　推力室 5 ~ 8#推力曲线

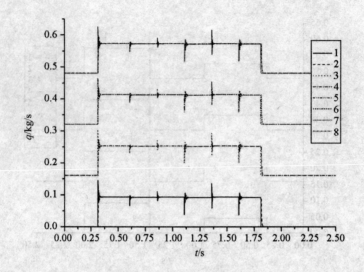

$1 - q_{9i}; 2 - q_{9e}; 3 - q_{10i} + 0.16\text{kg/s}; 4 - q_{10e} + 0.16\text{kg/s};$

$5 - q_{11i} + 0.32\text{kg/s}; 6 - q_{11e} + 0.32\text{kg/s}; 7 - q_{12i} + 0.48\text{kg/s}; 8 - q_{12e} + 0.48\text{kg/s}$

图 6.54 推力室 9～12# 流量曲线

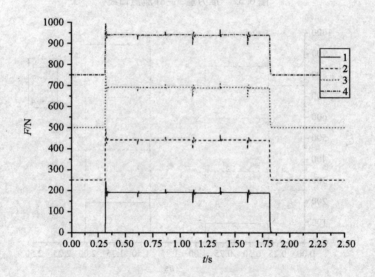

$1 - F_9; 2 - F_{10} + 250\text{N}; 3 - F_{11} + 500\text{N}; 4 - F_{12} + 750\text{N}$

图 6.55 推力室 9～12# 推力曲线

　　图 6.56～图 6.57 用于显示中 2/中 1 推力室和中 2 推力室开关动作对小推力室稳态过程的影响。仿真时，中 2/中 1 推力室和中 2 推力室工作程序为 0.6s + 4×0.25s/0.25s，小推力室工作程序为 0.3s + 1×1.5s/0.7s。从图中知，不仅中 2/中 1 推力室和中 2 推力室开关过程造成 16 条小推力室流量曲线波动介于 -34.8%～30.4% 以及 8 条推力曲线波动介于 -16.5%～11.3%，而且曲线持续波动一段时间，因此在小推力室工作期间应避免出现其它推力室的开关。

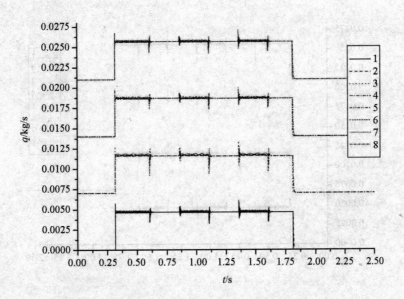

$1 - q_{13i}; 2 - q_{13e}; 3 - q_{14i} + 0.007\text{kg/s}; 4 - q_{14e} + 0.007\text{kg/s};$

$5 - q_{15i} + 0.014\text{kg/s}; 6 - q_{15e} + 0.014\text{kg/s}; 7 - q_{16i} + 0.021\text{kg/s}; 8 — q_{16e} + 0.021\text{kg/s}$

图 6.56　推力室 13～16#流量曲线

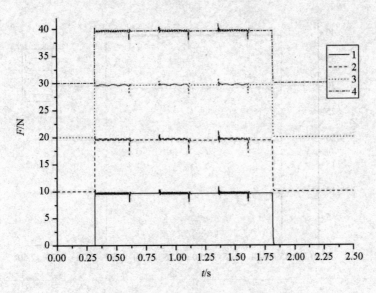

$1 - F_{13}; 2 - F_{14} + 10\text{N}; 3 - F_{15} + 20\text{N}; 4 - F_{16} + 30\text{N}$

图 6.57　推力室 13～16#推力曲线

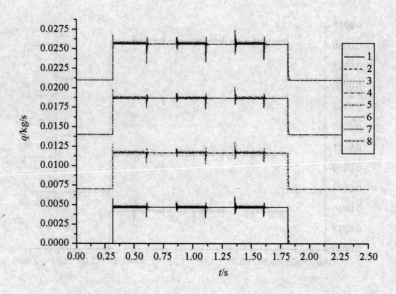

$1 - q_{17i}; 2 - q_{17e}; 3 - q_{18i} + 0.007 \text{kg/s}; 4 - q_{18e} + 0.007 \text{kg/s};$

$5 - q_{19i} + 0.014 \text{kg/s}; 6 - q_{19e} + 0.014 \text{kg/s}; 7 - q_{20i} + 0.021 \text{kg/s}; 8 - q_{20e} + 0.021 \text{kg/s}$

图 6.58　推力室 17 ~ 20#流量曲线

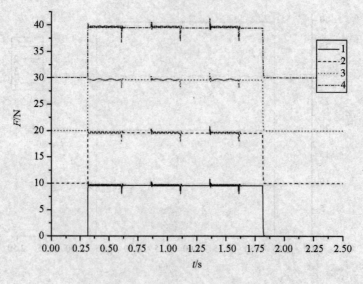

$1 - F_{17}; 2 - F_{18} + 10N; 3 - F_{19} + 20N; 4 - F_{20} + 30N$

图 6.59　推力室 17 ~ 20#推力曲线

6.9 推力调节分析

本书所研究的脉冲"数字"式变推力凝胶推进系统与装有可调喷注器及可调气穴文氏管的"阶跃"式变推力推进系统[20]不一样。它通过在供应系统中设置孔板来调节流量大小,分解室组元比是不变的,每一个脉冲的推力可根据需求调节为某个"数字"(比如中1或中2),它具有推力调节和脉宽调节能力。此外,它的流量调节器结构简单,工作可靠,易于工程实现。不过,这种变推力推进系统的缺点是贮箱压强的波动对分解室压强和流量有很大的影响,如图6.3和图6.4所示。

为了进一步理解这种变推力推进系统的推力调节特性,下面进行具体的仿真分析。图6.60~图6.65是孔板内径变化时的中2/中1推力室压强、推力和比冲仿真曲线,图中d_1是推力器中1工况时孔板内径的设计值,d_2是推力器中2工况时孔板内径的设计值。仿真时,推进系统工作程序为0.3s+10×0.5s/0.5s;环境压强为1000Pa。从图6.60~图6.65中知,当孔板内径变化时,它的压降随之变化,引起分解室压强变化介于0.09~1.73MPa,推力变化介于9~194N,比冲变化介于2039~2300N·s/kg。由此可见,推力调节在理论上可达到20:1,而比冲的变化不超过12%,这说明中2/中1推力室可在较高的性能下在较宽的范围内实现变推力的目标。推力的上限主要受喷管喉部满流的限制,若想获得更高的推力,必须重新设计分解室和喷管;推力的下限主要受推进剂分解稳定性的限制。

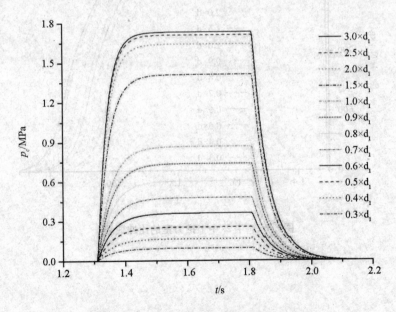

图6.60 中2/中1推力室的分解室压强曲线

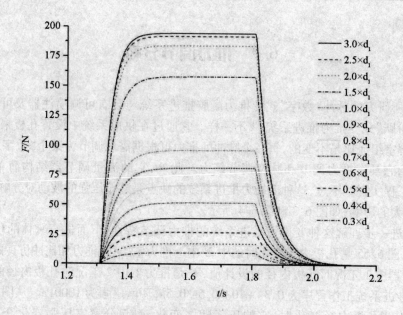

图 6.61　中 2/中 1 推力室的推力曲线

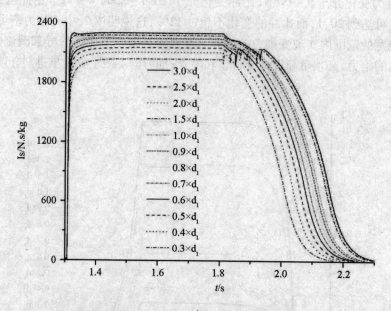

图 6.62　中 2/中 1 推力室的比冲曲线

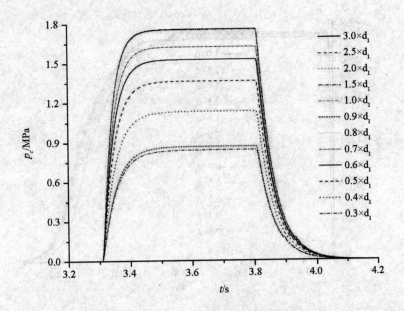

图 6.63 中 2/中 1 推力室的分解室压强曲线

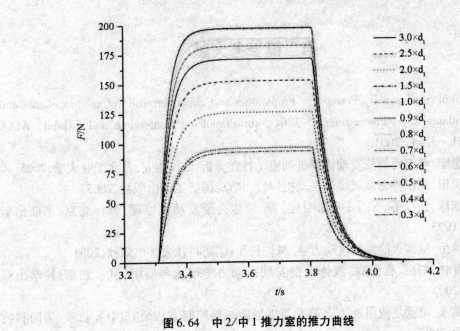

图 6.64 中 2/中 1 推力室的推力曲线

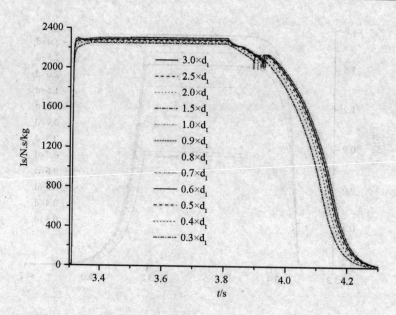

图6.65　中2/中1推力室的比冲曲线

第二篇参考文献

[1] Rahimi S, Hasan D, Petretz A. Preparation and characterization of gel propellants and simulants[C]//Proceedings of 37th Joint Propulsion Conference and Exhibit, AIAA 2001-3264, 2001.

[2] 王愿宁. 单组元凝胶发动机推进剂流动特性分析[D]. 西安:西北工业大学,2005.

[3] 张贵田. 高压补燃液氧煤油发动机[M]. 北京:国防工业出版社,2005.

[4] 刘国球,任汉芬,朱宁昌,郁明桂,等. 液体火箭发动机原理[M]. 北京:宇航出版社,1993.

[5] 曹泰岳. 液体火箭发动机动力学[M]. 长沙:国防科技大学出版社,2004.

[6] 张育林,刘昆,程谋森. 液体火箭发动机动力学理论与应用[M]. 北京:科学出版社,2005.

[7] 魏鹏飞. 可重复使用液体火箭发动机智能减损控制方法研究[D]. 长沙:国防科技大学,2005.

[8] 刘红军. 补燃循环发动机静态特性与动态响应特性研究[D]. 西安:航天科技集团公司第六研究院,1998.

[9] 刘昆. 分级燃烧循环液氧/液氢发动机系统分布参数模型与通用仿真研究[D]. 长沙:国防科技大学,1999.

[10] 戈威尔 G W,阿济兹 K. 复杂混合物在管道中的流动(上册)[M]. 北京:石油工业出版社,1983.

[11]　孟令杰,孔珑.水煤浆在圆管内流动动能修正系数的确定方法[J].工程热物理学报,1993,14(2).

[12]　卢平,章名耀,徐跃年.水煤膏管内流动的相似准数及阻力特性[J].燃烧科学与技术,2002,8(1).

[13]　方清华.圆形直管湍流光滑管区的摩擦因数计算[J].管道技术与设备,2005(3).

[14]　朱林,邵丽梅,孙海英.粘弹性流体管道局部阻力测试及计算[J].油气田地面工程,2004,23(12).

[15]　沈赤兵.液体火箭发动机静特性与响应特性研究[D].长沙:国防科技大学,1997.

[16]　谭建国.三组元液体火箭发动机系统设计与动态特性研究[D].长沙:国防科技大学,2003.

[17]　王英浩.火箭推进剂输送系统中波纹管对水击压强的吸收分析[D].长沙:国防科技大学,2004.

[18]　赵竟奇.管道产生水击的原因分析[J].油气储运,1999,18(5).

[19]　吴昊,马跃先,马驭贞.简单直管直接水击的液固耦合作用分析[J].水电能源科学,2004,22(2).

[20]　陈启智.液体火箭发动机控制与动态特性理论[M].长沙:国防科技大学出版社,1993.

第三篇

泵压式液体火箭发动机
工作过程建模与仿真分析

第七章　泵压式液体火箭发动机
工作过程数学模型

7.1　基本假设

泵压式液体火箭发动机内部工作是一个非常复杂的物理化学过程,为了获得泵压式液体火箭发动机的主要特性,作如下假设:

(1)推进剂(氧化剂和燃料)是与时间无关的牛顿流体,在管道中流动为一维流,一些流动参数(如平均流速等)取其管道径向分布的平均值;(2)在推进剂流动过程中不考虑管壁的传热;(3)不考虑点火剂与燃料的热值差别;(4)燃烧室中燃气符合理想气体状态方程;(5)推进剂喷入燃烧室到转换成燃气是在经过一个时滞之后瞬间完成的,并假设燃烧时滞为一个常数;(6)燃气在喷管中的流动是绝热无耗散作用的,燃气流动参数满足绝热等熵关系式 $pv^\gamma = \mathrm{const}$。

7.2　泵压式液体火箭发动机系统分解

泵压式双组元液体火箭发动机(如图 7.1 所示)划分为 18 个组件模块:(1)贮箱模块;(2)管道模块;(3)膜片阀与电爆阀模块;(4)多通模块;(5)节流孔模块;(6)过滤器模块;(7)离心泵模块;(8)流量调节器模块;(9)预燃室模块;(10)涡轮模块;(11)集液腔模块;(12)再生冷却通道模块;(13)喷注器模块;(14)燃烧室模块;(15)喷管模块;(16)电磁阀(有控制气体)模块;(17)电磁阀(无控制气体)模块;(18)虚拟管道模块(因仿真边界连接而新增的模块)。

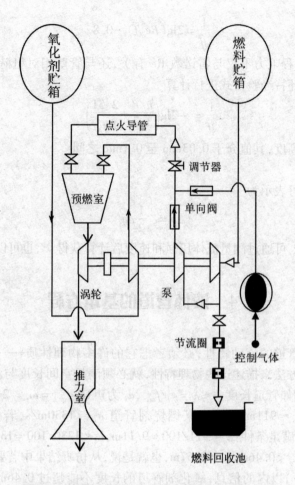

图 7.1　某泵压式双组元液体火箭发动机试验装置

7.3　推进剂流动阻力的有关公式

（1）沿程阻力

管道沿程阻力压降可表示为

$$\Delta p = f \frac{l}{d} \frac{1}{2} \rho \bar{u}^2 \tag{7.1}$$

式中 f 是沿程阻力系数，l 是管道长度，ρ 是推进剂密度，$\bar{u}$ 是推进剂平均流速，$d = 4A / \Pi_{wet}$ 是圆管当量直径，A 是流道横截面积，Π_{wet} 是流道横截面上的湿润周边长度。

当雷诺数 Re 小于临界雷诺数 $Re_c = 2100$，流体处于层流，其沿程阻力系数 f 为

$$f = 64 / Re \tag{7.2}$$

式中 $Re = \rho \bar{u} d / \mu$ 是雷诺数，μ 是推进剂动力粘度。

当雷诺数 $Re \geqslant Re_c$，流体处于紊流。对于光滑圆管，其沿程力系数 f 满足卡门 – 普朗特方程[1]：

$$\frac{1}{\sqrt{f}} = 2\lg(Re\sqrt{f}) - 0.8 \tag{7.3}$$

对于粗糙圆管,其沿程阻力不仅与雷诺数 Re 有关,还与管壁相对粗糙度 h/d 有关,此时采用柯尔布鲁克—怀特经验公式进行计算[2]:

$$\frac{1}{\sqrt{f}} = -2\lg\left(\frac{h/d}{3.7} + \frac{2.51}{Re\sqrt{f}}\right) \tag{7.4}$$

式中 h 是管壁粗糙高度,其值介于 0.03mm 至 0.1mm 之间。

(2)局部阻力

局部阻力压降可表示为

$$\Delta p = \zeta \frac{1}{2} \rho \bar{u}^2 \tag{7.5}$$

式中局部阻力系数 ζ 可通过测量流体压强和速度后计算获得[3],也可以查表获得[4]。

7.4 液体管道的基本方程

具体分析液体管道的流动特性,必须考虑它的许多物理性质——惯性、粘性和压缩性。采用集中参数方法来描述这些物理特性,就必须满足空间长度与波长相比几何尺寸很小的条件限制,例如管道长度 $L \ll \lambda = a_l/f_{max}$,$a_l$ 为声速,$f_{max} = \omega_{max}/2\pi$ 为最大振频。对于某氧化剂管道 $a_{lo} \approx 911\text{m/s}$,对于某燃烧剂管道 $a_{lf} \approx 1330\text{m/s}$,若要计算管道 $f_{max} = 100\text{Hz}$ 的信息,必须满足条件:$L_o \ll 911/100 = 9.11\text{m}$,$L_f \ll 1330/100 = 13.3\text{m}$。若认为"$\ll$"相当于取 1/20,则 $L_o < 0.46\text{m}$,$L_f < 0.67\text{m}$,也就是说,从仿真结果中若要提取 100Hz(水击特性处于 50Hz 以下)以内的信息,氧化剂管道的长度不能超过 0.46m,燃烧剂管道的长度不能超过 0.67m。

(1)惯性

假定液体管道分段内充满了无粘性不可压缩的液体,在计算非稳态运动时,只考虑液柱的惯性。由动量方程可得

$$A(p_1 - p'_2) = m\frac{d\bar{u}}{dt} = \rho l A \frac{d\bar{u}}{dt} = l\frac{dq}{dt} \tag{7.6}$$

即

$$\frac{l}{A}\frac{dq}{dt} = p_1 - p'_2 = \Delta p_1 \tag{7.7}$$

式中 p_1,p'_2 分别是分段入口、出口压强,m 是分段内液柱质量,A 是分段截面积,l 是分段长度,$\bar{u}$ 是分段内流体平均流速,q 是分段内液体质量流量,Δp_1 是分段压降,ρ 是液体密度。

(2)粘性

在发动机管道中,液体的粘性表现为沿程阻力和局部阻力两种形式,用公式表示为

$$\Delta p_2 = \left(f\frac{l}{d} + \zeta\right)\frac{1}{2}\rho\bar{u}^2$$

$$= \left(f\frac{l}{d} + \zeta \right) \frac{1}{2} \rho \frac{q^2}{\rho^2 A^2}$$

$$= \left(f\frac{l}{d} + \zeta \right) \frac{1}{2A^2} \frac{q^2}{\rho} \tag{7.8}$$

若令

$$\xi = \left(f\frac{l}{d} + \zeta \right) \frac{1}{2A^2} \tag{7.9}$$

则粘性阻力可表示为

$$p'_2 - p_2 = \Delta p_2 = \xi \frac{q^2}{\rho} \tag{7.10}$$

式中 ξ 是流阻系数，p_2 是管道出口压强。

若同时考虑管道的惯性和粘性，根据压强叠加原理有

$$p_1 - p_2 = (p_1 - p'_2) + (p'_2 - p_2) = \Delta p_1 + \Delta p_2 \tag{7.11}$$

式(7.7)、式(7.10)和式(7.11)联立求解可得

$$\frac{l}{A}\frac{\mathrm{d}q}{\mathrm{d}t} = p_1 - p_2 - \xi \frac{q^2}{\rho} \tag{7.12}$$

若再加上重力场的影响，式(7.12)变为

$$\frac{l}{A}\frac{\mathrm{d}q}{\mathrm{d}t} = p_1 - p_2 - \xi \frac{q^2}{\rho} + h\rho g \tag{7.13}$$

式中 h 是管道分段高度，向下流为正，向上流为负；g 是重力加速度，其海平面值为 9.80665m/s。

惯性流阻 R 定义为 l/A，加之考虑流动的方向性，于是式(7.13)写成标准形式：

$$R\frac{\mathrm{d}q}{\mathrm{d}t} = p_1 - p_2 - \xi \frac{q|q|}{\rho} + h\rho g \tag{7.14}$$

(3)压缩性

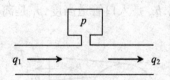

图 7.2　液柱的压缩性

忽略液柱惯性和壁面摩擦损失，这时候，液体管道分段的动态特性主要取决于液体的压缩性。压缩性的影响表现在当压强变化时分段内液体的质量也在变化，这就意味着入口和出口的流量瞬时值是不同的。根据非稳态流动时的质量平衡方程有

$$\frac{\mathrm{d}m}{\mathrm{d}t} = q_1 - q_2 \tag{7.15}$$

式中 m 是分段内液体质量，q_1，q_2 分别是分段入口、出口处的质量流量。

液体质量由流路分段的容积 V 和液体密度 ρ 决定。

$$m = \rho V \tag{7.16}$$

于是

$$\frac{\mathrm{d}m}{\mathrm{d}t} = V\frac{\mathrm{d}\rho}{\mathrm{d}t}, V = \mathrm{const} \tag{7.17}$$

加之

$$\frac{\mathrm{d}p}{\mathrm{d}\rho} = \frac{K}{\rho} = a_l^2 \tag{7.18}$$

式中 K 为液体的体积弹性模量，a_l 是液体中声速。由式(7.15)、式(7.17)和式(7.18)可以推出

$$\frac{V\rho}{K}\frac{\mathrm{d}p}{\mathrm{d}t} = q_1 - q_2 \tag{7.19}$$

令 $\chi = \dfrac{V\rho}{K} = \dfrac{V}{a_l^2}$，则式(7.19)可表示为

$$\chi\frac{\mathrm{d}p}{\mathrm{d}t} = q_1 - q_2 \tag{7.20}$$

7.5 离心泵的基本方程

如图 7.3 所示，离心泵由入口管道、诱导轮、叶轮和扩散器组成。对于入口管道可写出压强方程和流量方程为

$$\chi_{ip}\frac{\mathrm{d}p_{ip}}{\mathrm{d}t} = q_{ip} - q_p \tag{7.21}$$

$$R_{ip}\frac{\mathrm{d}q_{ip}}{\mathrm{d}t} = p_1 - p_{ip} - \xi_{ip}\frac{q_{ip}|q_{ip}|}{\rho} + h_{ip}\rho g \tag{7.22}$$

式中 $\chi_{ip} = \dfrac{V_{ip}\rho}{K}$，$R_{ip} = \displaystyle\int_0^{l_i}\frac{\mathrm{d}l}{A(l)}$，$V_{ip}$ 是离心泵入口管道容积，l_i 是入口管道长度，$A(l)$ 表示入口管道横截面积随位置而变化，h_{ip} 是入口管道高度，p_1 是离心泵入口连接件的压强，ξ_{ip} 是流阻系数。

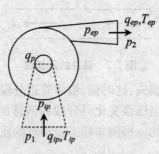

图 7.3 离心泵示意图

对于诱导轮和叶轮，其压升方程为

$$p_{ep} - p_{ip} = an^2\rho + bnq_p - c\frac{q_p^2}{\rho} + J_p\frac{\mathrm{d}w}{\mathrm{d}t} - R_p\frac{\mathrm{d}q_p}{\mathrm{d}t} \tag{7.23}$$

式中 a, b, c 是离心泵稳态过程压升方程中的系数，它们由实验拟合而成；n 是离心泵的转

速,$w = 2\pi n/60$ 是离心泵转动的角速度;J_p 是诱导轮和叶轮中推进剂的转动惯量;R_p 是诱导轮、叶轮和叶片式导向器中推进剂的惯性流阻。式(7.23)可改写为

$$R_p \frac{\mathrm{d}q_p}{\mathrm{d}t} = p_{ip} - p_{ep} + an^2\rho + bnq_p - c\frac{q_p^2}{\rho} + \frac{\pi J_p}{30}\frac{\mathrm{d}n}{\mathrm{d}t} \tag{7.24}$$

在液体火箭发动机工作时,离心泵入口处推进剂组元的实际温度有可能在一定范围内变化,同时推进剂流经离心泵时温度会有所升高,它的密度 ρ 会发生变化。一般地 $\rho = f(p,T)$。对离心泵来说,在计算推进剂密度 ρ 时,取 $p = (p_{ip} + p_{ep})/2$,$T = T_p$。离心泵中推进剂平均温度 T_p 按下式计算。

$$m_p \cdot \frac{\mathrm{d}T_p}{\mathrm{d}t} = q_{ip} \cdot T_{ip} + \frac{1 - \eta_p}{c_p} \cdot N_p - q_{ep} \cdot T_{ep} \tag{7.25}$$

式中 m_p 是离心泵中推进剂质量;T_{ip} 和 T_{ep} 分别是离心泵入口处和出口处的推进剂温度($T_{ep} = 2T_p + T_{ip}$);q_{ip} 和 q_{ep} 分别是离心泵入口处和出口处推进剂质量流量;η_p 是离心泵的总效率;c_p 是推进剂定压比热容;$N_p = q_p\Delta p_p/(\eta_p\rho)$ 是离心泵功率,$\Delta p_p = p_{ep} - p_{ip}$。在稳定工况流量相似条件下,离心泵的总效率随转速的降低而减少,文献[4]针对大推力、中推力和小推力液体火箭发动机,分别推荐用以下两公式计算离心泵的总效率。

$$\eta_p = \frac{\eta_{pst}}{[\eta_{pst} + (1 - \eta_{pst})(n_{st}/n)^{0.17}]}(大推力) \tag{7.26}$$

$$\eta_p = 1 - (1 - \eta_{pst})(n_{st}/n)^{0.25}(中推力和小推力) \tag{7.27}$$

式中 n_{st} 是稳态工况下离心泵转速,η_{pst} 是稳态工况下离心泵的总效率,它表示为

$$\eta_{pst} = d_1\frac{q}{n} - d_2\left(\frac{q}{n}\right)^2 + d_3\left(\frac{q}{n}\right)^3 - d_4\left(\frac{q}{n}\right)^4 \tag{7.28}$$

式中 d_1, d_2, d_3, d_4 是由实验数据拟合的系数。

对于扩散器可写出压强方程和流量方程为

$$\chi_{ep}\frac{\mathrm{d}p_{ep}}{\mathrm{d}t} = q_p - q_{ep} \tag{7.29}$$

$$R_{ep}\frac{\mathrm{d}q_{ep}}{\mathrm{d}t} = p_{ep} - p_2 - \xi_{ep}\frac{q_{ep}|q_{ep}|}{\rho} + h_{ep}\rho g \tag{7.30}$$

式中 $\chi_{ep} = \dfrac{V_{ep}\rho}{K}$,$R_{ep} = \displaystyle\int_0^{l_e}\frac{\mathrm{d}l}{A(l)}$,$V_{ep}$ 是扩散器容积,l_e 是扩散器长度,h_{ep} 是扩散器高度,p_2 是离心泵出口连接件的压强,ξ_{ep} 是扩散器流阻系数。

7.6　流量调节器的基本方程

流量调节器的系统结构如图 7.4 所示。在发动机起动开始时,调节器处于起动状态,其流量为 0.55kg/s,燃料来自起动箱。当一级燃料泵后压强达到 25kgf/cm²,控制流体进入调节器控制腔,推动阀芯 1,使得调节器开始转级,约 0.8s 后达到试验工况,其流量为2.9kg/s。当二级燃料泵后压强大于起动箱压强时,燃料改由二级泵供应。调节器流量既

敏感于第 1 腔与第 2 腔之间的压差,又通过阀芯 2 来保持其稳定性。

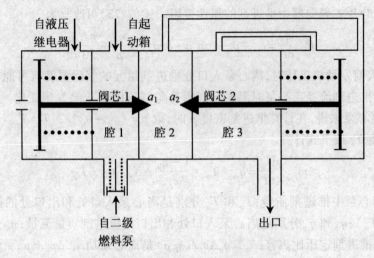

图 7.4　流量调节器的示意图

流量调节器的流量动态方程

$$R_{ad}\frac{\mathrm{d}q_{ad}}{\mathrm{d}t} = p_{iad} - p_{ead} - \xi_{ad}\frac{q_{ad}|q_{ad}|}{\rho} + h_{ad}\rho g \tag{7.31}$$

式中 $R_{ad} = \int_0^{lad}\frac{\mathrm{d}l}{A(l)}$,$l_{ad}$ 是流量调节器流道长度,h_{ad} 是流道高度,p_{iad} 和 p_{ead} 分别是流量调节器入口和出口压强,q_{ad} 是流量调节器流量,ξ_{ad} 是流量调节器总的流阻系数,它可表示为

$$\xi_{ad} = \xi_1 + \xi_2 \tag{7.32}$$

式中 ξ_1 是腔道 1 与腔道 2 之间的流阻系数,ξ_2 是腔道 2 与腔道 3 之间的流阻系数。ξ_1,ξ_2 的计算公式为

$$\xi_1 = \frac{a_1 \cdot \rho \cdot g}{100.0}, \quad a_1 = \frac{7.0}{f_1^2(x_1)} \tag{7.33}$$

$$\xi_2 = \frac{a_2 \cdot \rho \cdot g}{100.0}, \quad a_2 = f_2(x_2) \tag{7.34}$$

式中 $f_1(\cdot),f_2(\cdot)$ 是插值函数,x_1,x_2 分别是阀芯 1 和阀芯 2 的移动位置,它们的动态方程为

$$m_1\frac{\mathrm{d}^2 x_1}{\mathrm{d}t^2} = F_{p1} - F_{f1} - F_{c1} \tag{7.35}$$

$$m_2\frac{\mathrm{d}^2 x_2}{\mathrm{d}t^2} = F_{p2} - F_{f2} - F_{c2} \tag{7.36}$$

式中 m_1 和 m_2 分别是阀芯 1 和阀芯 2 的质量,F_p 是作用在活塞上的压强力,F_f 是运动件的摩擦力,F_c 是作用在活塞上的弹簧力。某型流量调节器的两压强力的计算公式为

$$F_{p1} = (p_g - p_0) \cdot 824.346(\mathrm{N}) \tag{7.37}$$

$$F_{p2} = 117.88 \cdot a_1 \cdot q_{ad}^2 + 13.04 \cdot \sqrt{4.15 \cdot a_2} \cdot q_{ad}^2/83(\mathrm{N}) \tag{7.38}$$

其中 p_g 为气体控制压强,p_0 为环境压强。

7.7 再生冷却通道的基本方程

(1)燃气向壁面的传热控制方程[5-6]

燃气向壁面的传热包括对流换热和辐射传热。燃气到壁面的对流热流密度可表示为

$$q_{gc} = h_g(T_r - T_{wg}) \tag{7.39}$$

式中 h_g 为对流换热系数;T_{wg} 为燃气边室壁温度;T_r 为恢复温度,又称绝热壁温,它可表示成

$$T_r = T_g + r(T^* - T_g) \tag{7.40}$$

式中 r 为恢复系数,对于紊流气流,Driest 建议取 $r = Pr^{1/3}$,Pr 为燃气的普朗特数,燃气温度 T_g 与燃气总温 T^* 之间的关系为

$$T_g = T^* / \left(1 + \frac{\gamma-1}{2}Ma^2\right) \tag{7.41}$$

式中 γ 是等熵指数,马赫数 Ma 与喷管面积比 A/A_t 之间存在如下关系:

$$\frac{A}{A_t} = \frac{1}{Ma}\left[\frac{2+(\gamma-1)Ma^2}{\gamma+1}\right]^{(\gamma+1)/[2(\gamma-1)]} \tag{7.42}$$

(7.39)式中的对流换热系数 h_g 按 Bartz 推荐的公式表示为

$$h_g = \frac{0.026\mu^{0.2}c_p}{d_t^{0.2}} \frac{1}{Pr^{0.6}}\left(\frac{q_{mg}}{A_t}\right)^{0.8}\left(\frac{d_t}{d}\right)^{1.8}\sigma' \tag{7.43}$$

式中 d_t 是喷管喉部直径,d 是任一截面直径,q_{mg} 是燃气质量流量,c_p 是燃气定压比热容,燃气普朗特数 Pr、动力粘度 μ 和通过附面层时气体性质变化的修正系数 σ' 可分别表示为

$$Pr \approx \frac{4\gamma}{9\gamma-5} \tag{7.44}$$

$$\mu = 1.184 \cdot 10^{-7} \cdot M_g \cdot T^{*0.6} \tag{7.45}$$

$$\sigma' = \left[\frac{1}{2}\frac{T_{wg}}{T^*}\left(1+\frac{\gamma-1}{2}Ma^2\right)+\frac{1}{2}\right]^{-0.68}\left(1+\frac{\gamma-1}{2}Ma^2\right)^{-0.12} \tag{7.46}$$

式中 M_g 为燃气摩尔质量。

均匀成分的燃气对壁面的辐射热流密度表示为

$$q_{gr0} = \varepsilon_{weff}\sigma(\varepsilon_g T_g^4 - \alpha_w T_{wg}^4) \tag{7.47}$$

式中 σ 是 Stefan-Boltsmann 常数,其值为 $5.67 \times 10^{-8}\mathrm{W}/(\mathrm{m}^2 \cdot \mathrm{K}^4)$;$\varepsilon_{weff} = (1+\varepsilon_w)/2$ 为内壁面有效黑度,ε_g 为燃气黑度;α_w 为壁面吸收率。因 $T_g^4 \gg T_{wg}^4$,故括号中的第二项可以忽略。燃气的黑度主要为水蒸气和二氧化碳气体的黑度之和:

$$\varepsilon_g = \varepsilon_{H_2O} + \varepsilon_{CO_2} - \varepsilon_{H_2O} \cdot \varepsilon_{CO_2} \tag{7.48}$$

其中 ε_{H_2O} 和 ε_{CO_2} 分别是分压 p_{H_2O}、分压 p_{CO_2}、燃气温度 T_g 和辐射路程的函数。

由于燃烧室中低组元比边区的存在,使得燃气的成分和温度沿径向分布不均匀,粗略可分为三层:一定组元比的高温燃气中心气流;温度较低的低组元比近壁层;成分和温度介于上述二者之间的中间过渡层。由于各层之间的相互吸收,计算十分繁琐,因此辐射热

流计算取近似统计值：

$$q_{gr0} = 0.65\varepsilon_{weff}\sigma\varepsilon_g T_g^4 \tag{7.49}$$

对于燃烧室圆柱段，$q_{gr} = q_{gr0}$。对于喷管段，当 $d/d_t \geq 1.2$（亚声速区），$q_{gr} = q_{gr0}$；当 $d/d_t = 1$（喉部），$q_{gr} = 0.5q_{gr0}$；当 $d/d_t = 1.5$（超声速区），$q_{gr} = 0.15q_{gr0}$；当 $d/d_t = 2.5$（超声速区），$q_{gr} = 0.04q_{gr0}$。沿推力室轴线各点的辐射热流密度通过插值获得。

（2）推力室内壁的传热控制方程[7]

再生冷却推力室第 i 单元的结构示意图如图 7.5 所示，其中每一单元的有关推力室内壁的长度、面积、体积和质量计算如下：

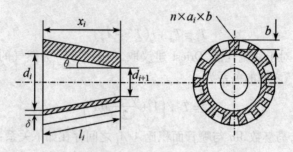

图 7.5　再生冷却推力室分段单元 i 示意图

$$\begin{cases}
l_i = x_i/\cos\theta \\
\bar{d}_i = (d_i + d_{i+1})/2 \\
\bar{a}_i = (a_i + a_{i+1})/2 \\
A_{gi} = \pi d_i^2/4 \\
\bar{A}_{gi} = \pi \bar{d}_i^2/4 \\
A_{li} = \pi(d_i + 2\delta + b)b - na_ib \\
\bar{A}_{li} = \pi(\bar{d}_i + 2\delta + b)b - n\bar{a}_ib \\
S_{gi} = \pi \bar{d}_i l_i \\
S_{li} = [\pi(\bar{d}_i + 2\delta) + \pi(\bar{d}_i + 2\delta + 2b) - 2n\bar{a}_i + 2nb]l_i \\
V_{li} = \bar{A}_{li}l_i \\
S'_i = \pi(\bar{d}_i + 2\delta)l_i \\
m_{wi} = \rho_w[\pi(\bar{d}_i + \delta)\delta + n\bar{a}_ib]l_i
\end{cases} \tag{7.50}$$

式中下标"g"表示燃气通道的参数，下标"l"表示冷却剂通道的参数；符号"S"表示传热面积，S'_i 为冷却剂壁面传热等效面积；m_{wi} 和 ρ_w 分别是推力室内壁第 i 单元的质量和密度。

推力室内壁第 i 单元的温度方程为

$$m_{wi}c_w \frac{\mathrm{d}\bar{T}_{wi}}{\mathrm{d}t} = (q_{gci} + q_{gri})S_{gi} - q_{li}S'_i \tag{7.51}$$

式中 c_w 是推力室内壁比热容；$\bar{T}_{wi} = (\bar{T}_{wgi} + \bar{T}_{wli})/2$ 是内壁沿径向平均温度，$\bar{T}_{wgi}$ 和 $\bar{T}_{wli}$ 分别是第 i 单元气壁沿轴向平均温度和液壁沿轴向平均温度；q_{gci} 和 q_{gri} 分别是燃气对内壁第 i 单元的对流热流密度和辐射热流密度；q_{li} 是内壁第 i 单元对冷却剂的对流换热密度，它可表示成

$$q_{li} = \alpha_{li}(\bar{T}_{wli} - \bar{T}_{li}) \tag{7.52}$$

式中 $\bar{T}_{wli} = [T_{wli} + T_{wl(i+1)}]/2$ 是第 i 单元液壁沿轴向平均温度，$\bar{T}_{li} = [T_{li} + T_{l(i+1)}]/2$ 是冷却剂沿轴向平均温度；α_{li} 是推力室内壁第 i 单元与冷却剂之间的对流换热系数，可表示为

$$\alpha_{li} = 0.023\varphi d_l^{-0.2}\left(\frac{\lambda_l^{0.6} c_{pl}^{0.4}}{\mu_l^{0.4}}\right)\left(1 + 0.01457\frac{\nu_{wl}}{\nu_l}\right) \tag{7.53}$$

式中 φ 是散热片效应系数；$d_l = 2bw/(b+w)$ 是冷却通道的当量直径，w 是冷却通道的槽宽；λ_l 为冷却剂的导热系数，c_{pl} 是冷却剂的定压比热容，μ_l 是冷却剂的动力粘度；ν_{wl} 是冷却剂壁面温度定性的运动粘度，ν_l 是冷却剂温度定性的运动粘度。

（3）冷却剂流动方程

若把再生冷却通道分为 N 段，这会形成 $3N$ 个独立变量，它们是 N 个压强 p_{li}、N 个流量 q_{mli} 和 N 个温度 $\bar{T}_{li}$，其微分方程表示为

$$R_i\frac{dq_{mli}}{dt} = p_{l(i-1)} - p_{li} - \xi_i\frac{q_{mli}|q_{mli}|}{\rho} + h_i\rho_{li}g, \quad i = 2,\cdots,N \tag{7.54}$$

$$\chi_i\frac{dp_{li}}{dt} = q_{mli} - q_{ml(i+1)}, \quad i = 1,\cdots,N-1 \tag{7.55}$$

$$V_{li}\rho_{li}\frac{d\bar{T}_{li}}{dt} = q_{mli}T_{li} + \frac{q_{li}S'_i}{c_{pli}} - q_{ml(i+1)}T_{l(i+1)}, \quad i = 1,\cdots,N \tag{7.56}$$

式中 $R_i = \dfrac{l}{NA} = \dfrac{R}{N}, h_i = \dfrac{h}{N}, \chi_i = \dfrac{V\rho}{NK}$；$V_{li}$ 是冷却通道第 i 单元的容积；q_{li} 是内壁第 i 单元对冷却剂的对流换热密度。q_{ml1} 和 p_{lN} 的微分方程与冷却通道的边界条件有关，必须与其它组件联合求解。此外，对于冷却剂流道，为增强对流换热效果，在工程上人为增加了管壁粗糙度，因此在计算冷却剂流动阻力时必须采用柯尔布鲁克一怀特经验公式。

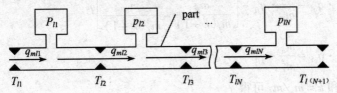

图 7.6　再生冷却通道分段示意图

7.8　燃烧室的基本方程

图 7.7　燃烧室示意图

设燃烧室内氧化剂和燃料的质量瞬时值分别为 m_o, m_f,则燃烧室内燃气组元比的平均瞬时值 k 为

$$k = \frac{m_o}{m_f} \tag{7.57}$$

对燃烧室内每种组元的质量可单独写出质量平衡方程为

$$\frac{dm_o}{dt} = q_{o1} - q_{o2} \tag{7.58}$$

$$\frac{dm_f}{dt} = q_{f1} - q_{f2} \tag{7.59}$$

其中 $q_1 = q_{o1} + q_{f1}, q_2 = q_{o2} + q_{f2}$。氧化剂流量 q_{o2} 和燃料流量 q_{f2} 由组元比 k 和总流量 q_2 来确定。

$$q_{o2} = \frac{k}{k+1}q_2, \quad q_{f2} = \frac{1}{k+1}q_2 \tag{7.60}$$

由式(7.57)、式(7.58)、式(7.59)和式(7.60)导出

$$\frac{dk}{dt} = \frac{1}{m_f} \cdot \frac{dm_o}{dt} - \frac{m_o}{m_f^2} \cdot \frac{dm_f}{dt} = \frac{1}{m_f} \cdot q_{o1} - \frac{m_o}{m_f^2} \cdot q_{f1} - \left[\frac{k}{m_f(k+1)} - \frac{m_o}{m_f^2(k+1)} \right]q_2$$

$$= \frac{1}{m_f} \cdot q_{o1} - \frac{m_o}{m_f^2} \cdot q_{f1} - \left[\frac{\frac{m_o}{m_f}}{m_f(k+1)} - \frac{m_o}{m_f^2(k+1)} \right]q_2$$

$$= \frac{1}{m_f} \cdot q_{o1} - \frac{m_o}{m_f^2} \cdot q_{f1} \tag{7.61}$$

由 $m = m_o + m_f$ 和 $k = m_o/m_f$ 可得

$$m_o = \frac{mk}{k+1}, \quad m_f = \frac{m}{k+1} \tag{7.62}$$

将式(7.62)式代入式(7.61)得

$$\frac{dk}{dt} = \frac{k+1}{m}(q_{o1} - kq_{f1}) = (k+1)(q_{o1} - kq_{f1})\frac{RT}{pV} \tag{7.63}$$

式中 R 是气体常数,V 是容腔容积。

如果认为热导率和扩散系数为无限大(即气体管道瞬时充分混合模型),那么整个燃烧室的燃气温度的瞬时值 $T(x,t)$(在该瞬间刚进入入口的那股燃气除外)是一样的,并等

于燃烧室出口处的温度。

$$T(x,t) = \begin{cases} T(0,t) = T_1(t), & x = 0 \\ T(l,t) = T_2(t), & 0 < x \leqslant l \end{cases} \tag{7.64}$$

忽略燃烧室中的燃气动能变化，假设流动是绝热的，则燃烧室能量守恒方程表示为

$$\frac{\mathrm{d}(mc_v T_2)}{\mathrm{d}t} = c_{p1} T_1 q_1 - c_{p2} T_2 q_2 \tag{7.65}$$

式中 $c_v = \dfrac{R}{\gamma - 1}$ 是定容比热容，$c_p = \dfrac{\gamma R}{\gamma - 1}$ 是定压比热容，R 是燃气的气体常数，γ 是比热比，RT_2 表示燃气的作功能力。方程(7.65)展开为

$$m \frac{\mathrm{d}(RT_2)}{\mathrm{d}t} + RT_2 \frac{\mathrm{d}m}{\mathrm{d}t} = (\gamma - 1) \left(\frac{\gamma_1}{\gamma_1 - 1} R_1 T_1 q_1 - \frac{\gamma_2}{\gamma_2 - 1} R_2 T_2 q_2 \right) \tag{7.66}$$

由质量守恒可得

$$\frac{\mathrm{d}m}{\mathrm{d}t} = q_1 - q_2 \tag{7.67}$$

所以有

$$m \frac{\mathrm{d}(RT_2)}{\mathrm{d}t} = (\gamma - 1) \left(\frac{\gamma_1}{\gamma_1 - 1} R_1 T_1 q_1 - \frac{\gamma_2}{\gamma_2 - 1} R_2 T_2 q_2 \right) - RT_2(q_1 - q_2) \tag{7.68}$$

根据气体状态方程可写出

$$m = \frac{pV}{RT_2} \tag{7.69}$$

两边取导数变为

$$\frac{V}{RT_2} \frac{\mathrm{d}p}{\mathrm{d}t} - \frac{pV}{(RT_2)^2} \frac{\mathrm{d}(RT_2)}{\mathrm{d}t} = \frac{\mathrm{d}m}{\mathrm{d}t} = q_1 - q_2 \tag{7.70}$$

将式(7.68)代入式(7.70)可得

$$V \frac{\mathrm{d}p}{\mathrm{d}t} = (\gamma - 1) \left(\frac{\gamma_1}{\gamma_1 - 1} R_1 T_1 q_1 - \frac{\gamma_2}{\gamma_2 - 1} R_2 T_2 q_2 \right) \tag{7.71}$$

若考虑推进剂的燃烧时滞 τ 和燃烧效率 η_c 的影响，并基于式(7.63)、式(7.68)和式(7.71)，导出燃烧室工作过程的基本方程为

$$\frac{\mathrm{d}[k(t)]}{\mathrm{d}t} = [k(t) + 1][q_{o1}(t - \tau) - k(t) q_{f1}(t - \tau)] \frac{RT_2(t)}{p(t)V} \tag{7.72}$$

$$\frac{p(t)V}{RT_2(t)} \frac{\mathrm{d}[RT_2(t)]}{\mathrm{d}t} = (\gamma - 1) \left[\frac{\gamma_1}{\gamma_1 - 1} R_1 T_1(t - \tau) q_1(t - \tau) \eta_c - \frac{\gamma_2}{\gamma_2 - 1} R_2 T_2(t) q_2(t) \right]$$
$$- RT_2(t)[q_1(t - \tau) - q_2(t)] \tag{7.73}$$

$$V \frac{\mathrm{d}[p(t)]}{\mathrm{d}t} = (\gamma - 1) \left[\frac{\gamma_1}{\gamma_1 - 1} R_1 T_1(t - \tau) q_1(t - \tau) \eta_c - \frac{\gamma_2}{\gamma_2 - 1} R_2 T_2(t) q_2(t) \right] \tag{7.74}$$

式中 $q_1(t - \tau) = q_{o1}(t - \tau) + q_{f1}(t - \tau)$。

7.9 电磁阀(有控制气体)的基本方程

(1)电磁阀(有控制气体)的组成及其工作原理

电磁阀(有控制气体)的结构如图 7.8 所示,它由电动气阀和气动液阀两部分组成,电动气阀上接高压气源,气动液阀的推进剂入口与推进剂供应管道相连,出口与推进剂充填管道相连。电动气阀线圈通电后,线圈电流按指数规律增长,当达到触动电流时,衔铁开始运动,电动气阀逐渐打开,高压气源和其控制腔气体的巨大压差,使得其控制腔气体压强急剧上升;电动气阀的控制腔在自身压强上升的同时,对气动液阀的控制腔充气,当气动液阀控制腔气体压强上升到一定压强时,气动液阀活塞开始运动,直至阀完全打开,完成电磁阀的开启过程。当发出关机指令时,电动气阀线圈断电,磁通逐渐衰减至释放磁通时,吸力已不足吸住衔铁,由弹簧力克服压强力和电磁力,推动衔铁组件运动,衔铁即开始释放,直至电动气阀完全关闭,与此同时,电动气阀控制腔气体通过排气口流出,控制腔泄压,气动液控制腔随之泄压,气动液阀在弹簧力的作用下逐渐关闭,完成电磁阀关闭过程。

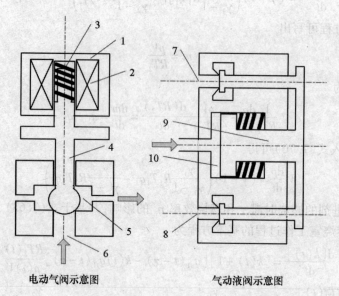

电动气阀示意图　　　　　　　气动液阀示意图

1－电磁导体;2－线圈;3－弹簧;4－衔铁组件;5－电动气阀控制腔;6－高压气源;
7－氧化剂入口;8－燃料入口;9－活塞作动杆;10－气动液阀控制腔

图 7.8　电磁阀(有控制气体)示意图

(2)电动气阀的基本方程

电动气阀的动态过程,在电路上遵循电压平衡方程,在磁场上遵循麦克斯韦方程,在运动上遵循达朗贝尔运动方程,以及在热路上遵循热平衡方程。这些方程间存在相互的联系,构成了描述整个电磁机构动态过程的数学模型。由于电动气阀的动态过程历时极短,电磁系统又存在着热惯性,故温度变化极微,引起电阻的变化很小,可忽略不计,因此,数学模型中可不包含热平衡方程。

① 电路方程

$$U = iR_i + \frac{\mathrm{d}\Psi}{\mathrm{d}t} = iR_i + \frac{\mathrm{d}(N\Phi_c)}{\mathrm{d}t} = iR_i + N\frac{\mathrm{d}\Phi_c}{\mathrm{d}t} \tag{7.75}$$

式中 U 是线圈励磁电压,i 是电流,R_i 是线圈电阻,Ψ 是电磁系统全磁链,N 是线圈匝数,t 是时间,Φ_c 是磁路中的磁通量。

② 磁路方程

根据基尔霍夫磁压定律,可得出磁路计算的数学模型,即

$$iN = \Phi_\delta(R_\delta + R_f + R_c) \tag{7.76}$$

式中 Φ_δ 是气隙中的磁通量,R_δ 是工作气隙磁阻,R_f 是非工作气隙磁阻,R_c 是对应磁路磁阻且 $R_c = H_c L_c$。忽略衔铁及非工作气隙磁阻,式(7.76)可变为:

$$iN = \Phi_\delta R_\delta + H_c L_c \tag{7.77}$$

式中 H_c 是磁场强度,L_c 是磁路长度。气隙磁阻为:

$$R_\delta = \delta/(\mu_0 A) = (h_{\max} - x_1)/(\mu_0 A) \tag{7.78}$$

式中 δ 是气隙长度,μ_0 是真空磁导率,A 是气隙处的磁极面积,$h_{\max}$ 是最大气隙,x_1 是衔铁位移。

$$B_c = \Phi_c/A \tag{7.79}$$

式中 B_c 是磁路中的磁感应强度。对材料的磁化曲线数据,利用一维线性内插进行数据分段插值,完成磁感应强度 B_c 与磁场强度 H_c 之间的变换。

若考虑漏磁,则漏磁系数 σ 表示为

$$\sigma = \Phi_c/\Phi_\delta \tag{7.80}$$

对于直流螺管式电磁铁而言,漏磁系数 σ 的经验公式为

$$\sigma = 1 + \frac{\delta}{r_1}\left\{0.67 + \frac{0.13\delta}{r_1} + \frac{r_1 + r_2}{\pi r_1}\left[\frac{\pi L_k}{8(r_2 - r_1)} + \frac{2(r_2 - r_1)}{\pi L_k} - 1\right] + 1.465\lg\frac{r_2 - r_1}{\delta}\right\} \tag{7.81}$$

式中 L_k 是线圈组件高度,r_1, r_2 分别是电磁机构结构尺寸参数[8]。

根据麦克斯韦电磁吸力公式,电磁阀电磁吸力 F_x 为

$$F_x = \Phi_\delta^2/(2\mu_0 A) \tag{7.82}$$

③ 运动方程

$$m_{t1}\frac{\mathrm{d}u_1}{\mathrm{d}t} = F_x + F_{p1} - F_{f1} - F_{c1} \tag{7.83}$$

式中 m_{t1} 是电动气阀运动件总质量,u_1 是电动气阀活塞运动速度,F_{p1} 是作用在电动气阀活塞上的压强力,F_{f1} 是电动气阀运动件摩擦力,F_{c1} 是作用在电动气阀活塞上的弹簧力。

$$\frac{\mathrm{d}x_1}{\mathrm{d}t} = u_1 \tag{7.84}$$

式中 x_1 是电动气阀活塞位移。

$$F_{p1} = (p_1 - p_0)A_{n1} \tag{7.85}$$

式中 p_1 是电动气阀控制腔气体压强，p_0 是环境压强，A_{n1} 是电动气阀活塞杆横截面积。

$$F_{c1} = F_{c01} + C_1 x_1 \tag{7.86}$$

式中 F_{c01} 是电动气阀弹簧预紧力，C_1 是电动气阀弹簧刚度。

$$F_{f1} = f_1 u_1 \tag{7.87}$$

式中 f_1 是电动气阀摩擦系数。

④ 控制腔气体的基本方程

视控制腔气体为理想气体，忽略气体的动能变化，则控制腔气体的能量方程表示为：

$$\frac{d(m_1 c_v T_1)}{dt} = q_{1in} c_{pi} T_i - q_{2in} c_{pj} T_j - q_{out} c_{pe} T_e - p_1 A_{n1} u_1 \tag{7.88}$$

式中 m_1 是电动气阀控制腔气体质量，T_1 是电动气阀控制腔气体温度，q_{1in} 是电动气阀控制腔来流气体流量，q_{2in} 是气动液阀控制腔来流气体流量，q_{out} 是电动气阀控制腔出流气体流量，c_v 是定容比热容，c_p 是定压比热容，下标 i,j,e 分别表示电动气阀控制腔入口，气动液阀控制腔入口，电动气阀控制腔泄压出口。由于 $c_p = \frac{\gamma}{\gamma-1} R$、$c_v = \frac{1}{\gamma-1} R$ 均视为常数，γ 是等熵指数，R 是气体常数，因此式（7.88）可变为

$$m_1 \frac{dT_1}{dt} = q_{1in} \gamma T_i - q_{2in} \gamma T_j - q_{out} \gamma T_e - T_1(q_{1in} - q_{2in} - q_{out}) - \frac{\gamma-1}{R} p_1 A_{n1} u_1 \tag{7.89}$$

根据理想气体状态方程

$$p_1 V_1 = m_1 R T_1 \tag{7.90}$$

式中 V_1 是电动气阀控制腔容积。上式两边取导数变为

$$V_1 \frac{dp_1}{dt} + p_1 \frac{dV_1}{dt} = m_1 R \frac{dT_1}{dt} + R T_1 \frac{dm_1}{dt} \tag{7.91}$$

将式（7.89）代入式（7.91）得

$$V_1 \frac{dp_1}{dt} = q_{1in} \gamma R T_i - q_{2in} \gamma R T_j - q_{out} \gamma R T_e - \gamma p_1 A_{n1} u_1 \tag{7.92}$$

$$\frac{dV_1}{dt} = A_{n1} u_1 \tag{7.93}$$

式（7.89）、式（7.92）、式（7.93）为电动气阀控制腔气体的数学模型。其中 $\begin{cases} q_{1in} \geq 0, & T_i = T_N \\ q_{1in} < 0, & T_i = T_1 \end{cases}$，$\begin{cases} q_{2in} \geq 0, T_j = T_1 \\ q_{2in} < 0, T_j = T_2 \end{cases}$，$\begin{cases} q_{out} \geq 0, T_e = T_1 \\ q_{out} < 0, T_e = T_0 \end{cases}$。$T_N$ 是高压气源温度，T_0 是环境温度，T_2 是气动液阀控制腔气体温度。

（3）气动液阀的基本方程

气动液阀由一个控制腔及气孔、一个弹簧、一个活塞、两个推进剂入口和出口、一个阀体构成。该阀的推进剂出口紧挨喷注器入口，而喷注器出口又紧挨发动机燃烧室入口。高压气体进入控制腔以后，当气压增至一定值后，将同时推动作动腔活塞克服液压强、摩擦力和弹簧力而运动，从而使推进剂流入到喷注器容腔中。在电动气阀关闭时，气动液阀控制腔中的气体在弹簧力和液压强的作用下从电动气阀和排气孔中排出。活塞运动过程中，伴随着气体流量、压强、体积、密度、温度和活塞位移、速度、弹簧伸缩量的变化，因此，

气动液阀动态过程应遵循质量守恒定律、能量守恒定律和牛顿第二定律。

为建立气动液阀动态过程的数学模型,先作如下假设:由于该阀的动态过程极短,不考虑阀内的传热过程;不考虑推进剂的可压缩性;视控制腔内气体为理想气体。

① 运动方程

$$m_{l2}\frac{\mathrm{d}u_2}{\mathrm{d}t} = F_{p2} - F_{f2} - F_{c2} \tag{7.94}$$

式中 m_{l2} 是气动液阀运动件总质量,u_2 是气动液阀活塞运动速度,F_{p2} 是作用在气动液阀活塞上的压强力,F_{f2} 是气动液阀运动件摩擦力,F_{c2} 是作用在气动液阀活塞上的弹簧力。

$$\frac{\mathrm{d}x_2}{\mathrm{d}t} = u_2 \tag{7.95}$$

式中 x_2 是气动液阀活塞位移。

$$F_{p2} = (p_2 - p_0)A_{n2} + (p_{lo} - p_0)A_{lo} + (p_{lf} - p_0)A_{lf} \tag{7.96}$$

式中 p_2 是气动液阀控制腔气体压强,A_{n2} 是气动液阀活塞杆横截面积,p_{lo} 是气动液阀氧化剂入口压强,A_{lo} 是气动液阀氧化剂对应活塞杆横截面积,p_{lf} 是气动液阀燃料入口压强,A_{lf} 是气动液阀燃料对应活塞杆横截面积。

$$F_{c2} = F_{c02} + C_2 x_2 \tag{7.97}$$

式中 F_{c02} 是气动液阀弹簧预紧力,C_2 是气动液阀弹簧刚度。

$$F_{f2} = f_2 u_2 \tag{7.98}$$

式中 f_2 是气动液阀摩擦系数。

② 控制腔气体的基本方程

$$m_2\frac{\mathrm{d}T_2}{\mathrm{d}t} = q_{2in}\gamma T_j - T_2 q_{2in} - \frac{\gamma - 1}{R}p_2 A_{n2} u_2 \tag{7.99}$$

式中 m_2 是气动液阀控制腔气体质量。

$$V_2\frac{\mathrm{d}p_2}{\mathrm{d}t} = q_{2in}\gamma R T_j - \gamma p_2 A_{n2} u_2 \tag{7.100}$$

式中 V_2 是气动液阀控制腔容积。

$$\frac{\mathrm{d}V_2}{\mathrm{d}t} = A_{n2} u_2 \tag{7.101}$$

其中 $\begin{cases} q_{2in} \geq 0, & T_j = T_1 \\ q_{2in} < 0, & T_j = T_2 \end{cases}$。

关于气体质量流量 q_{1in}、q_{2in} 和 q_{out} 的求解,在此考虑了超临界、亚临界,气体正向、反向流动四种情况。具体数学模型如下:

当 $p_1 \leq p_N$ 时,$q_{1in} = \begin{cases} \mu_{1in}\dfrac{p_N A_{1in}}{\sqrt{RT_N}}\sqrt{\gamma\left(\dfrac{2}{\gamma+1}\right)^{\frac{\gamma+1}{\gamma-1}}}, & \dfrac{p_1}{p_N} \leq \left(\dfrac{2}{\gamma+1}\right)^{\frac{\gamma}{\gamma-1}} \\[3mm] \mu_{1in}\dfrac{p_N A_{1in}}{\sqrt{RT_N}}\sqrt{\dfrac{2\gamma}{\gamma-1}\left[\left(\dfrac{p_1}{p_N}\right)^{\frac{2}{\gamma}} - \left(\dfrac{p_1}{p_N}\right)^{\frac{\gamma+1}{\gamma}}\right]}, & \dfrac{p_1}{p_N} > \left(\dfrac{2}{\gamma+1}\right)^{\frac{\gamma}{\gamma-1}} \end{cases}$

$$\text{当 } p_1 > p_N \text{ 时}, q_{1in} = \begin{cases} -\mu_{1in} \dfrac{p_1 A_{1in}}{\sqrt{RT_1}} \sqrt{\gamma \left(\dfrac{2}{\gamma+1}\right)^{\frac{\gamma+1}{\gamma-1}}}, & \dfrac{p_N}{p_1} \leqslant \left(\dfrac{2}{\gamma+1}\right)^{\frac{\gamma}{\gamma-1}} \\[4mm] -\mu_{1in} \dfrac{p_1 A_{1in}}{\sqrt{RT_1}} \sqrt{\dfrac{2\gamma}{\gamma-1} \left[\left(\dfrac{p_N}{p_1}\right)^{\frac{2}{\gamma}} - \left(\dfrac{p_N}{p_1}\right)^{\frac{\gamma+1}{\gamma}}\right]}, & \dfrac{p_N}{p_1} > \left(\dfrac{2}{\gamma+1}\right)^{\frac{\gamma}{\gamma-1}} \end{cases}$$

$$\text{当 } p_2 \leqslant p_1 \text{ 时}, q_{2in} = \begin{cases} \mu_{2in} \dfrac{p_1 A_{2in}}{\sqrt{RT_1}} \sqrt{\gamma \left(\dfrac{2}{\gamma+1}\right)^{\frac{\gamma+1}{\gamma-1}}}, & \dfrac{p_2}{p_1} \leqslant \left(\dfrac{2}{\gamma+1}\right)^{\frac{\gamma}{\gamma-1}} \\[4mm] \mu_{2in} \dfrac{p_1 A_{2in}}{\sqrt{RT_1}} \sqrt{\dfrac{2\gamma}{\gamma-1} \left[\left(\dfrac{p_2}{p_1}\right)^{\frac{2}{\gamma}} - \left(\dfrac{p_2}{p_1}\right)^{\frac{\gamma+1}{\gamma}}\right]}, & \dfrac{p_2}{p_1} > \left(\dfrac{2}{\gamma+1}\right)^{\frac{\gamma}{\gamma-1}} \end{cases}$$

$$\text{当 } p_2 > p_1 \text{ 时}, q_{2in} = \begin{cases} -\mu_{2in} \dfrac{p_2 A_{2in}}{\sqrt{RT_2}} \sqrt{\gamma \left(\dfrac{2}{\gamma+1}\right)^{\frac{\gamma+1}{\gamma-1}}}, & \dfrac{p_1}{p_2} \leqslant \left(\dfrac{2}{\gamma+1}\right)^{\frac{\gamma}{\gamma-1}} \\[4mm] -\mu_{2in} \dfrac{p_2 A_{2in}}{\sqrt{RT_2}} \sqrt{\dfrac{2\gamma}{\gamma-1} \left[\left(\dfrac{p_1}{p_2}\right)^{\frac{2}{\gamma}} - \left(\dfrac{p_1}{p_2}\right)^{\frac{\gamma+1}{\gamma}}\right]}, & \dfrac{p_1}{p_2} > \left(\dfrac{2}{\gamma+1}\right)^{\frac{\gamma}{\gamma-1}} \end{cases}$$

$$\text{当 } p_0 \leqslant p_1 \text{ 时}, q_{out} = \begin{cases} \mu_{out} \dfrac{p_1 A_{out}}{\sqrt{RT_1}} \sqrt{\gamma \left(\dfrac{2}{\gamma+1}\right)^{\frac{\gamma+1}{\gamma-1}}}, & \dfrac{p_0}{p_1} \leqslant \left(\dfrac{2}{\gamma+1}\right)^{\frac{\gamma}{\gamma-1}} \\[4mm] \mu_{out} \dfrac{p_1 A_{out}}{\sqrt{RT_1}} \sqrt{\dfrac{2\gamma}{\gamma-1} \left[\left(\dfrac{p_0}{p_1}\right)^{\frac{2}{\gamma}} - \left(\dfrac{p_0}{p_1}\right)^{\frac{\gamma+1}{\gamma}}\right]}, & \dfrac{p_0}{p_1} > \left(\dfrac{2}{\gamma+1}\right)^{\frac{\gamma}{\gamma-1}} \end{cases}$$

$$\text{当 } p_0 > p_1 \text{ 时}, q_{out} = \begin{cases} -\mu_{out} \dfrac{p_0 A_{out}}{\sqrt{RT_0}} \sqrt{\gamma \left(\dfrac{2}{\gamma+1}\right)^{\frac{\gamma+1}{\gamma-1}}}, & \dfrac{p_1}{p_0} \leqslant \left(\dfrac{2}{\gamma+1}\right)^{\frac{\gamma}{\gamma-1}} \\[4mm] -\mu_{out} \dfrac{p_0 A_{out}}{\sqrt{RT_0}} \sqrt{\dfrac{2\gamma}{\gamma-1} \left[\left(\dfrac{p_1}{p_0}\right)^{\frac{2}{\gamma}} - \left(\dfrac{p_1}{p_0}\right)^{\frac{\gamma+1}{\gamma}}\right]}, & \dfrac{p_1}{p_0} > \left(\dfrac{2}{\gamma+1}\right)^{\frac{\gamma}{\gamma-1}} \end{cases}$$

式中 μ_{1in} 是电动气阀控制腔来流流量系数，μ_{2in} 是气动液阀控制腔来流流量系数，μ_{out} 是电动气阀控制腔出流流量系数，A_{1in} 是电动气阀控制腔充气孔面积，A_{2in} 是气动液阀控制腔充气孔面积，A_{out} 是电动气阀控制腔排气活门口面积。

求解电动气阀的动态微分方程组，得出 x_1、u_1，实际上是求出了影响气动液阀控制腔气体流入量及控制腔容积的外界因素。在此基础上，才可以求解气动液阀的动态模型。但是，电动气阀的活塞前压强和气动液阀的运动有关，所以电动气阀和气动液阀的动态微分方程组要联立求解。

7.10 电磁阀(无控制气体)的基本方程

(1)电磁阀(无控制气体)的组成及其工作原理

电磁阀(无控制气体)的结构如图 7.9 所示，电磁阀的入口与推进剂供应管道相连，出口与推进剂充填管道相连。电磁阀线圈通电后,线圈电流按指数规律增长,当达到触动电流时,衔铁开始运动,电磁阀活门逐渐打开,直至阀完全打开,完成电磁阀的开启过程。当发出关机指令时,电磁阀线圈断电,磁通逐渐衰减至释放磁通时,吸力已不足吸住衔铁,由弹簧力克服压强力和电磁力,推动衔铁组件运动,衔铁即开始释放,直至电磁阀关闭,完成电磁阀关闭过程。

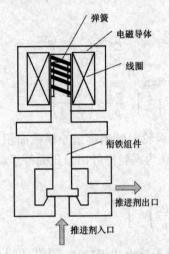

图 7.9　电磁阀(无控制气体)示意图

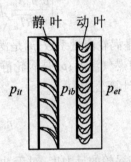

图 7.10　涡轮示意图

(2)电磁阀的基本方程

① 电路方程

$$U = iR_i + \frac{\mathrm{d}\Psi}{\mathrm{d}t} \tag{7.102}$$

式中 U 是线圈励磁电压,i 是线圈电流,R_i 是线圈电阻,Ψ 是电磁系统全磁链,t 是时间。

② 磁路方程

$$iN = \Phi_\delta(R_\delta) + H_c L_c \tag{7.103}$$

式中 N 是线圈匝数,Φ_δ 是工作气隙磁通,R_δ 是工作气隙磁阻,H_c 是磁场强度,L_c 是磁路有效长度。

③ 运动方程

$$m_t \frac{\mathrm{d}u}{\mathrm{d}t} = F_x + F_p - F_f - F_c \tag{7.104}$$

$$\frac{\mathrm{d}x}{\mathrm{d}t} = u \tag{7.105}$$

式中 m_t 是电磁系统运动组件折算为铁心极面中心质量,u 是活塞杆速度,F_x 是电磁力,F_p 是压强力,F_f 是摩擦力,F_c 是弹簧力,x 是活塞杆位移。电磁力、压强力、摩擦力、弹簧力的计算公式分别为

$$F_x = \Phi_\delta^2 / (2\mu_0 A) \tag{7.106}$$

$$F_p = (p - p_0) A_n \tag{7.107}$$

$$F_c = F_{c0} + Cx \tag{7.108}$$

$$F_f = fu \tag{7.109}$$

7.11　涡轮的基本方程

涡轮流量方程为

$$q_{mt} = \begin{cases} \dfrac{\mu_t p_{it} A_{it}}{\sqrt{RT_{it}}} \sqrt{\gamma \left(\dfrac{2}{\gamma-1}\right)^{\frac{\gamma+1}{\gamma-1}}} & \dfrac{p_{ib}}{p_{it}} \leqslant \left(\dfrac{2}{\gamma+1}\right)^{\frac{\gamma}{\gamma-1}} \\[4mm] \dfrac{\mu_t p_{it} A_{it}}{\sqrt{RT_{it}}} \sqrt{\dfrac{2\gamma}{\gamma-1}\left[\left(\dfrac{p_{ib}}{p_{it}}\right)^{\frac{2}{\gamma}} - \left(\dfrac{p_{ib}}{p_{it}}\right)^{\frac{\gamma+1}{\gamma}}\right]} & \dfrac{p_{ib}}{p_{it}} > \left(\dfrac{2}{\gamma+1}\right)^{\frac{\gamma}{\gamma-1}} \end{cases} \tag{7.110}$$

式中 μ_t 是涡轮流量系数；p_{it} 是涡轮入口压强；A_{it} 是涡轮静叶喷嘴最小横截面积之和；T_{it} 是涡轮入口燃气温度；p_{ib} 是涡轮静叶出口压强，可以认为涡轮静叶出口压强等于动叶入口压强，它的计算公式为

$$p_{ib} = p_{it}\left[\theta + (1+\theta)\left(\dfrac{p_{et}}{p_{it}}\right)^{\frac{\gamma-1}{\gamma}}\right]^{\frac{\gamma}{\gamma-1}} \tag{7.110}$$

式中 θ 是涡轮的反力度，对于冲击式涡轮 $\theta = 0$，对于反力式涡轮 $\theta = f\left(\dfrac{n}{c_t}, \dfrac{p_{et}}{p_{it}}\right)$，其关系式由涡轮吹风实验得到，$c_t$ 是涡轮气体轴向速度，它可写成

$$c_t = \sqrt{\dfrac{2\gamma}{\gamma-1} RT_{it}\left[1 - \left(\dfrac{p_{et}}{p_{it}}\right)^{\frac{\gamma-1}{\gamma}}\right]} \tag{7.111}$$

式中 p_{et} 是涡轮出口压强。

涡轮效率的计算公式为

$$\eta_t = a\left(\dfrac{n}{c_t}\right)^2 + b\,\dfrac{n}{c_t} + c \tag{7.112}$$

式中系数 a, b, c 由实验拟合而成。

涡轮的功率方程为

$$N_T = \dfrac{c_t^2 q_{mt} \eta_t}{2} \tag{7.113}$$

涡轮出口温度方程为

$$T_{et} = T_{it} - T_{it}\left[1 - \left(\dfrac{p_{et}}{p_{it}}\right)^{\frac{\gamma-1}{\gamma}}\right]\eta_t \tag{7.114}$$

7.12　拼装模块的数学模型

（1）贮箱 – 管道模块

贮箱连接管道第一分段的流量方程为

$$R_1 \frac{\mathrm{d}q_1}{\mathrm{d}t} = p_T - p_1 - \xi_1 \frac{q_1|q_1|}{\rho} + h_1 \rho g \tag{7.115}$$

式中 $R_1 = \frac{l}{2NA} = \frac{R}{2N}$，$h_1 = \frac{h}{2N}$，$N$ 是连接管道分段数，A 是连接管道横截面积，p_T 是贮箱压强。

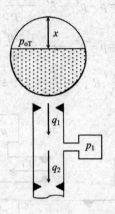

图 7.11　贮箱－管道连接示意图

贮箱液面至贮箱顶的高度满足

$$x(t) = x(t-1) + \frac{\int_{t-1}^{t} q_1 \mathrm{d}t}{\pi \rho [dx(t-1) - x(t-1)^2]} \tag{7.116}$$

式中 $x(t)$ 表示 t 时刻贮箱液面至贮箱顶的高度。

（2）液体管道模块

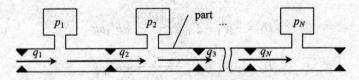

图 7.12　液体管道分段示意图

若把一根管道分为 N 段，这会形成 $2N$ 个独立变量，它们是 N 个压强 p_i 和 N 个流量 q_i，其微分方程表示为

$$R_i \frac{\mathrm{d}q_i}{\mathrm{d}t} = p_{i-1} - p_i - \xi_i \frac{q_i|q_i|}{\rho} + h_i \rho g, \quad i = 2, \cdots, N \tag{7.117}$$

$$\chi_i \frac{\mathrm{d}p_i}{\mathrm{d}t} = q_i - q_{i+1}, \quad i = 1, \cdots, N-1 \tag{7.118}$$

式中 $R_i = \frac{l}{NA} = \frac{R}{N}$，$h_i = \frac{h}{N}$，$\chi_i = \frac{V\rho}{NK}$。$q_1$，$p_N$ 的微分方程与这根管道的边界条件有关，必须与其它组件联合求解。

（3）三通模块

描述三通模块的微分方程包括：

$$\chi_N \frac{\mathrm{d}p_N}{\mathrm{d}t} = q_N - q \tag{7.119}$$

$$R_{N+1} \frac{\mathrm{d}(q'_1 + q''_1)}{\mathrm{d}t} = p_N - p - \xi_{N+1} \frac{(q'_1 + q''_1)\,|q'_1 + q''|}{p} + h_{N+1}\rho g \tag{7.120}$$

$$R'_1 \frac{\mathrm{d}q'_1}{\mathrm{d}t} = p - p'_1 - \xi'_1 \frac{q'_1\,|q'_1|}{\rho} + h'_1\rho g \tag{7.121}$$

$$R''_1 \frac{\mathrm{d}q''_1}{\mathrm{d}t} = p - p''_1 - \xi''_1 \frac{q''_1\,|q''_1|}{\rho} + h''_1\rho g \tag{7.122}$$

式中 $\chi_N = \dfrac{V\rho}{NK}, R_{N+1} = \dfrac{l}{2NA}, h_{N+1} = \dfrac{h}{2N}, R'_1 = \dfrac{l'}{2N'A'}, h'_1 = \dfrac{h'}{2N'}, R''_1 = \dfrac{l''}{2N''A''}, h''_1 = \dfrac{h''}{2N''}$。

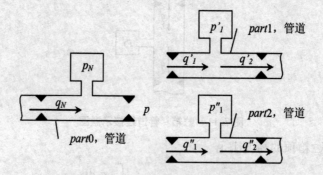

图7.13　三通模块连接示意图

若令

$$D = p_N - \xi_{N+1} \frac{(q'_1 + q''_1)\,|q'_1 + q''|}{p} + h_{N+1}\rho g \tag{7.123}$$

$$D_1 = -p'_1 - \xi'_1 \frac{q'_1\,|q'_1|}{\rho} + h'_1\rho g \tag{7.124}$$

$$D_2 = -p''_1 - \xi''_1 \frac{q''_1\,|q''_1|}{\rho} + h''_1\rho g \tag{7.125}$$

则式(7.120)、式(7.121)和式(7.122)分别改写为

$$R_{N+1} \frac{\mathrm{d}(q'_1 + q''_1)}{\mathrm{d}t} = D - p \tag{7.126}$$

$$R'_1 \frac{\mathrm{d}q'_1}{\mathrm{d}t} = p + D_1 \tag{7.127}$$

$$R''_1 \frac{\mathrm{d}q''_1}{\mathrm{d}t} = p + D_2 \tag{7.128}$$

式(7.126)加上式(7.127)可得

$$(R_{N+1} + R'_1) \frac{\mathrm{d}q'_1}{\mathrm{d}t} + R_{N+1} \frac{\mathrm{d}q''_1}{\mathrm{d}t} = D + D_1 \tag{7.129}$$

式(7.126)加上式(7.128)可得

$$R_{N+1} \frac{\mathrm{d}q'_1}{\mathrm{d}t} + (R_{N+1} + R''_1) \frac{\mathrm{d}q''_1}{\mathrm{d}t} = D + D_2 \tag{7.130}$$

对式(7.129)和式(7.130)联合求解可得

$$\frac{\mathrm{d}q'_1}{\mathrm{d}t} = -\frac{-D_1 R_{N+1} + D_2 R_{N+1} - DR''_1 - D_1 R''_1}{R_{N+1} R'_1 + R_{N+1} R''_1 + R'_1 R''_1} \tag{7.131}$$

$$\frac{\mathrm{d}q''_1}{\mathrm{d}t} = -\frac{D_1 R_{N+1} - D_2 R_{N+1} - DR'_1 - D_2 R'_1}{R_{N+1} R'_1 + R_{N+1} R''_1 + R'_1 R''_1} \tag{7.132}$$

式(7.119)、式(7.131)和式(7.132)就是描述三通模块的动态方程。

(4)管道－节流组件－管道模块

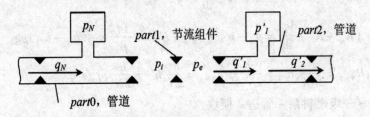

图7.14　管道－节流组件－管道连接示意图

描述管道－节流元件－管道模块的微分方程包括：

$$\chi_N \frac{\mathrm{d}p_N}{\mathrm{d}t} = q_N - q'_1 \tag{7.133}$$

$$(R_{N+1} + R'_1)\frac{\mathrm{d}q'_1}{\mathrm{d}t} = p_N - p'_1 - (\xi_{N+1} + \xi_s + \xi'_1)\frac{q'_1 |q'_1|}{\rho} + (h_{N+1} + h'_1)\rho g \tag{7.134}$$

式中 $\chi_N = \dfrac{V\rho}{NK}$，$R_{N+1} = \dfrac{l}{2NA}$，$R'_1 = \dfrac{l'}{2N'A'}$，$h_{N+1} = \dfrac{h}{2N}$，$h'_1 = \dfrac{h'}{2N'}$。

(5)管道－氧化剂泵－管道模块

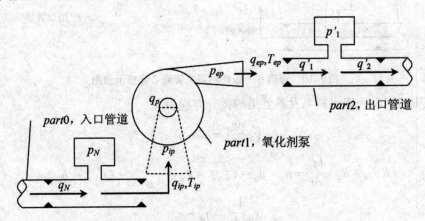

图7.15　管道－氧化剂泵－管道连接示意图

参照图7.15,氧化剂泵及其管道的微分方程为

$$\chi_N \frac{\mathrm{d}p_N}{\mathrm{d}t} = q_N - q_{ip} \tag{7.135}$$

$$(R_{N+1} + R_{ip})\frac{\mathrm{d}q_{ip}}{\mathrm{d}t} = p_N - p_{ip} - (\xi_{N+1} + \xi_{ip})\frac{q_{ip} |q_{ip}|}{\rho} + (h_{N+1} + h_{ip})\rho g \tag{7.136}$$

$$\chi_{ip}\frac{\mathrm{d}p_{ip}}{\mathrm{d}t} = q_{ip} - q_p \tag{7.137}$$

$$R_p\frac{\mathrm{d}q_p}{\mathrm{d}t} = p_{ip} - p_{ep} + an^2\rho + bnq_p - c\frac{q_p^2}{\rho} + \frac{\pi J_p\mathrm{d}n}{30\ \mathrm{d}t} \tag{7.138}$$

$$m_p\frac{\mathrm{d}T_p}{\mathrm{d}t} = q_{ip}T_{ip} + \frac{1 - \eta_p}{c_p}N_p - q_{ep}T_{ep} \tag{7.139}$$

$$\chi_{ep}\frac{\mathrm{d}p_{ep}}{\mathrm{d}t} = q_p - q_{ep} \tag{7.140}$$

$$(R_{ep} + R'_1)\frac{\mathrm{d}q_{ep}}{\mathrm{d}t} = p_{ep} - p'_1 - (\xi_{ep} + \xi'_1)\frac{q_{ep}|q_{ep}|}{\rho} + (h_{ep} + h'_1)\rho g \tag{7.141}$$

式中 $\chi_N = \dfrac{V\rho}{NK}$，$R_{N+1} = \dfrac{l}{2NA}$，$R'_1 = \dfrac{l'}{2N'A'}$，$h_{N+1} = \dfrac{h}{2N}$，$h'_1 = \dfrac{h'}{2N'}$，$q_{ep} = q'_1$。

（6）管道－一级燃料泵－管道 2 模块

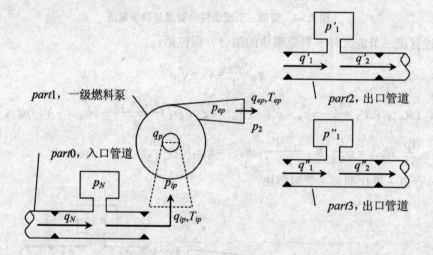

图 7.16　管道－一级燃料泵－管道 2 连接示意图

参照图 7.16，一级燃料泵及其管道的微分方程为

$$\chi_N\frac{\mathrm{d}p_N}{\mathrm{d}t} = q_N - q_{ip} \tag{7.142}$$

$$(R_{N+1} + R_{ip})\frac{\mathrm{d}q_{ip}}{\mathrm{d}t} = p_N - p_{ip} - (\xi_{N+1} + \xi_{ip})\frac{q_{ip}|q_{ip}|}{\rho} + (h_{N+1} + h_{ip})\rho g \tag{7.143}$$

$$\chi_{ip}\frac{\mathrm{d}p_{ip}}{\mathrm{d}t} = q_{ip} - q_p \tag{7.144}$$

$$R_p\frac{\mathrm{d}q_p}{\mathrm{d}t} = p_{ip} - p_{ep} + an^2\rho + bnq_p - c\frac{q_p^2}{\rho} + \frac{\pi J_p\mathrm{d}n}{30\ \mathrm{d}t} \tag{7.145}$$

$$m_p\frac{\mathrm{d}T_p}{\mathrm{d}t} = q_{ip}T_{ip} + \frac{1 - \eta_p}{c_p}N_p - q_{ep}T_{ep} \tag{7.146}$$

$$\chi_{ep}\frac{\mathrm{d}p_{ep}}{\mathrm{d}t} = q_p - q'_1 - q''_1 \tag{7.147}$$

$$R_{ep} \frac{\mathrm{d}q_{ep}}{\mathrm{d}t} = p_{ep} - p_2 - \xi_{ep} \frac{q_{ep}|q_{ep}|}{\rho} + h_{ep}\rho g \tag{7.148}$$

$$R'_1 \frac{\mathrm{d}q'_1}{\mathrm{d}t} = p_2 - p'_1 - \xi'_1 \frac{q'_1|q'_1|}{\rho} + h'_1\rho g \tag{7.149}$$

$$R''_1 \frac{\mathrm{d}q''_1}{\mathrm{d}t} = p_2 - p''_1 - \xi''_1 \frac{q''_1|q''_1|}{\rho} + h''_1\rho g \tag{7.150}$$

式中 $\chi_N = \dfrac{V\rho}{NK}$，$R_{N+1} = \dfrac{l}{2NA}$，$R'_1 = \dfrac{l'}{2N'A'}$，$R''_1 = \dfrac{l''}{2N''A''}$，$h_{N+1} = \dfrac{h}{2N}$，$h'_1 = \dfrac{h'}{2N'}$，$h''_1 = \dfrac{h''}{2N''}$，$q_{ep} = q'_1 + q''_1$。

若令

$$D = p_{ep} - \xi_{ep} \frac{q_{ep}|q_{ep}|}{\rho} + h_{ep}\rho g = p_{ep} - \xi_{ep} \frac{(q'_1 + q''_1)|q'_1 + q''_1|}{\rho} + h_{ep}\rho g \tag{7.151}$$

$$D_1 = -p'_1 - \xi'_1 \frac{q'_1|q'_1|}{\rho} + h'_1\rho g \tag{7.152}$$

$$D_2 = -p''_1 - \xi''_1 \frac{q''_1|q''_1|}{\rho} + h''_1\rho g \tag{7.153}$$

则式(7.148)、式(7.149)和式(7.150)分别改写为

$$R_{ep} \frac{\mathrm{d}(q'_1 + q''_1)}{\mathrm{d}t} = D - p_2 \tag{7.154}$$

$$R'_1 \frac{\mathrm{d}q'_1}{\mathrm{d}t} = p_2 + D_1 \tag{7.155}$$

$$R''_1 \frac{\mathrm{d}q''_1}{\mathrm{d}t} = p_2 + D_2 \tag{7.156}$$

式(7.154)加上式(7.155)可得

$$(R_{ep} + R'_1) \frac{\mathrm{d}q'_1}{\mathrm{d}t} + R_{ep} \frac{\mathrm{d}q''_1}{\mathrm{d}t} = D + D_1 \tag{7.157}$$

式(7.154)式加上式(7.156)可得

$$R_{ep} \frac{\mathrm{d}q'_1}{\mathrm{d}t} + (R_{ep} + R''_1) \frac{\mathrm{d}q''_1}{\mathrm{d}t} = D + D_2 \tag{7.158}$$

对式(7.157)和式(7.158)联合求解可得

$$\frac{\mathrm{d}q'_1}{\mathrm{d}t} = -\frac{-D_1 R_{ep} + D_2 R_{ep} - DR''_1 - D_1 R''_1}{R_{ep}R'_1 + R_{ep}R''_1 + R'_1R''_1} \tag{7.159}$$

$$\frac{\mathrm{d}q''_1}{\mathrm{d}t} = -\frac{D_1 R_{ep} - D_2 R_{ep} - DR'_1 - D_2 R'_1}{R_{ep}R'_1 + R_{ep}R''_1 + R'_1R''_1} \tag{7.160}$$

式(7.142)、式(7.143)、式(7.144)、式(7.145)、式(7.146)、式(7.147)、式(7.159)和式(7.160)就是描述管道－一级燃料泵－管道2模块的动态方程。

(7)管道－二级燃料泵－流量调节器－管道模块

参照图7.17,二级燃料泵及其管道的微分方程为

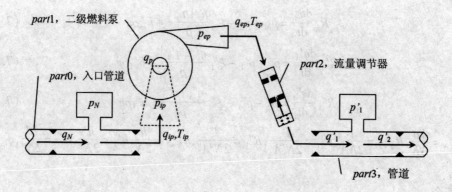

图 7.17　管道－二级燃料泵－流量调节器－管道连接示意图

$$\chi_N \frac{\mathrm{d}p_N}{\mathrm{d}t} = q_N - q_{ip} \tag{7.161}$$

$$(R_{N+1} + R_{ip})\frac{\mathrm{d}q_{ip}}{\mathrm{d}t} = p_N - p_{ip} - (\xi_{N+1} + \xi_{ip})\frac{q_{ip}\,|\,q_{ip}\,|}{\rho} + (h_{N+1} + h_{ip})\rho g \tag{7.162}$$

$$\chi_{ip} \frac{\mathrm{d}p_{ip}}{\mathrm{d}t} = q_{ip} - q_p \tag{7.163}$$

$$R_p \frac{\mathrm{d}q_p}{\mathrm{d}t} = p_{ip} - p_{ep} + an^2\rho + bnq_p - c\frac{q_p^2}{\rho} + \frac{\pi J_p}{30}\frac{\mathrm{d}n}{\mathrm{d}t} \tag{7.164}$$

$$m_p \frac{\mathrm{d}T_p}{\mathrm{d}t} = q_{ip}T_{ip} + \frac{1 - \eta_p}{c_p}N_p - q_{ep}T_{ep} \tag{7.165}$$

$$\chi_{ep} \frac{\mathrm{d}p_{ep}}{\mathrm{d}t} = q_p - q_{ep} \tag{7.166}$$

$$(R_{ep} + R_{ad} + R'_1)\frac{\mathrm{d}q_{ep}}{\mathrm{d}t} = p_{ep} - p'_1 - (\xi_{ep} + \xi_{ad} + \xi'_1)\frac{q_{ep}\,|\,q_{ep}\,|}{\rho} + (h_{ep} + h_{ad} + h'_1)\rho g \tag{7.167}$$

式中 $\chi_N = \dfrac{V\rho}{NK}$，$R_{N+1} = \dfrac{l}{2NA}$，$R'_1 = \dfrac{l'}{2N'A'}$，$h_{N+1} = \dfrac{h}{2N}$，$h'_1 = \dfrac{h'}{2N'}$，$q_{ep} = q'_1$。

（8）管道－阀－充填管道－集液腔－喷注器模块

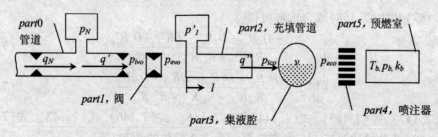

图 7.18　管道－阀－充填管道－集液腔－喷注器－预燃室连接示意图

管道 $part0$ 最后一段的压强方程为

$$\chi_N \frac{dp_N}{dt} = q_N - q', \quad \chi_N = \frac{V\rho}{NK} \tag{7.168}$$

管道 $part0$ 最后一段到阀的流量方程为

$$R_{N+1} \frac{dq'}{dt} = p_N - p_{ivo} - \xi_{N+1} \frac{q'|q'|}{\rho} + h_{N+1}\rho g \tag{7.169}$$

式中 $R_{N+1} = \frac{R}{2N}, h_{N+1} = \frac{h}{2N}$。若令

$$D = p_N - \xi_{N+1} \frac{q'|q'|}{\rho} + h_{N+1}\rho g \tag{7.170}$$

式(7.169)改写为:

$$R_{N+1} \frac{dq'}{dt} = D - p_{ivo} \tag{7.171}$$

对于阀 $part1$,若令

$$D_1 = -\xi_{vo} \frac{q'|q'|}{\rho} \tag{7.172}$$

它的静态方程为

$$0 = p_{ivo} - p'_1 + D_1 \tag{7.173}$$

式(7.171)和式(7.173)联立求解可得

$$R_{N+1} \frac{dq'}{dt} = D + D_1 - p'_1 \tag{7.174}$$

对于充填(排空)管道 $part2$,它的微分方程为

$$x'_1 \frac{dp'_1}{dt} = q' - q'' \tag{7.175}$$

$$R(l) \frac{dq''}{dt} = p'_1 - p_{ico} - \xi(l) \frac{q''|q''|}{\rho} + h(l)\rho g \tag{7.176}$$

$$\frac{dl}{dt} = \frac{q' - q''}{\rho F(l)} \tag{7.177}$$

式中 $R(l) = \int_0^l \frac{dl}{A(l)}, h(l) = \frac{l}{L'}h', l$ 为充填管道液柱长度。若令

$$D_2 = -\xi(l) \frac{q''|q''|}{\rho} + h(l)\rho g \tag{7.178}$$

式(7.176)可变为

$$R(l) \frac{dq''}{dt} = p'_1 - p_{ico} + D_2 \tag{7.179}$$

对于集液腔 $part3$,它的微分方程为:

$$R(v) \frac{dq''}{dt} = p_{ico} - p_{eco} - \xi(v) \frac{q''|q''|}{\rho} \tag{7.180}$$

$$\frac{dv}{dt} = \begin{cases} \dfrac{q''}{\rho}, & \text{当推进剂处于充填过程时} \\[3mm] -\dfrac{q''}{\rho}, & \text{当推进剂处于排空过程时} \end{cases} \tag{7.181}$$

式中 $R(v) = \dfrac{v}{V}R_V$，$\xi(v) = \dfrac{v}{V}\xi_V$，$v$ 为集液腔内液体体积。若令

$$D_3 = -\xi(v)\frac{q''|q''|}{\rho} \tag{7.182}$$

式(7.180)可变为

$$R(v)\frac{\mathrm{d}q''}{\mathrm{d}t} = p_{ico} - p_{eco} - D_3 \tag{7.183}$$

对于氧化剂喷注器 $part4$，若令

$$D_4 = -\xi_n\frac{q''|q''|}{\rho} \tag{7.184}$$

它的静态方程为：

$$0 = p_{eco} - p_b + D_4 \tag{7.185}$$

式(7.179)、式(7.183)、式(7.185)相加可得

$$(R(l) + R(v))\frac{\mathrm{d}q''}{\mathrm{d}t} = p'_1 - p_b + D_2 + D_3 + D_4 \tag{7.186}$$

式(7.168)、式(7.174)、式(7.175)、式(7.177)、式(7.181)和式(7.186)就是描述管道－阀－充填管道－集液腔－喷注器－预燃室模块的状态方程。

（9）管道－阀－充填管道模块

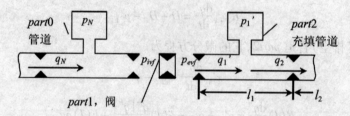

图7.19 管道－阀－充填管道连接示意图

从图7.19知，管道 $part0$ 最后一段压强的微分方程为

$$\chi_N\frac{\mathrm{d}p_N}{\mathrm{d}t} = q_N - q'_1, \quad \chi_N = \frac{V\rho}{NK} \tag{7.187}$$

管道 $part0$ 最后一段到阀的流量方程为

$$R_{N+1}\frac{\mathrm{d}q'_1}{\mathrm{d}t} = p_N - p_{ivf} - \xi_{N+1}\frac{q'_1|q'_1|}{\rho} + h_{N+1}\rho g \tag{7.188}$$

式中 $R_{N+1} = \dfrac{R}{2N}$，$h_{N+1} = \dfrac{h}{2N}$。若令

$$D = p_N - \xi_{N+1}\frac{q'_1|q'_1|}{\rho} + h_{N+1}\rho g \tag{7.189}$$

式(7.188)改写为

$$R_{N+1}\frac{\mathrm{d}q'_1}{\mathrm{d}t} = D - p_{ivf} \tag{7.190}$$

对于阀 $part1$，若令

$$D_1 = -\xi_{vf}\frac{q_1'^2}{\rho} \tag{7.191}$$

它的静态方程为

$$0 = p_{ivf} - p_{evf} + D_1 \tag{7.192}$$

对于充填管道 $part2$，它的第一小段微分方程为

$$R_1(l_1)\frac{\mathrm{d}q_1'}{\mathrm{d}t} = p_{evf} - p_1' - \xi_1(l_1)\frac{q_1'|q_1'|}{\rho} + h_1(l_1)\rho g \tag{7.193}$$

$$\frac{\mathrm{d}l_1}{\mathrm{d}t} = \begin{cases} \begin{cases} \dfrac{q_1'}{\rho A}, & l_1 \leqslant \dfrac{l'}{2N} \\ \dfrac{q_2'}{\rho A}, & l_1 > \dfrac{l'}{2N} \end{cases}, & \text{当推进剂处于充填过程时} \\[6mm] \begin{cases} -\dfrac{q_1'}{\rho A}, & l_1 \leqslant \dfrac{l'}{2N} \\ -\dfrac{q_2'}{\rho A}, & l_1 > \dfrac{l'}{2N} \end{cases}, & \text{当推进剂处于排空过程时} \end{cases} \tag{7.194}$$

式中 $R_1(l_1) = \displaystyle\int_0^{l_1}\frac{\mathrm{d}x}{A}$，$h_1(l_1) = \dfrac{l_1}{l'}h_1'$，$l'$ 是充填管道长度。若令

$$D_2 = -p_1' - \xi_1(l_1)\frac{q_1'|q_1'|}{\rho} + h_1(l_1)\rho g \tag{7.195}$$

式 (7.193) 变为

$$R_1(l_1)\frac{\mathrm{d}q_1'}{\mathrm{d}t} = p_{evf} + D_2 \tag{7.196}$$

方程 (7.190)、(7.192) 和 (7.196) 合并为

$$(R_{N+1} + R_1(l_1))\frac{\mathrm{d}q_1'}{\mathrm{d}t} = D + D_1 + D_2 \tag{7.197}$$

式 (7.187)、式 (7.194) 和式 (7.197) 就是描述管道 – 阀 – 充填管道模块的状态变量方程。

（10）充填管道模块

充填管道模块的分段如图 7.20 所示。若把一根充填管道分为 N 段，这会形成 $3N$ 个独立变量，它们是 N 个压强 p_i、N 个流量 q_i 以及 N 个充填长度 l_i，其微分方程表示为

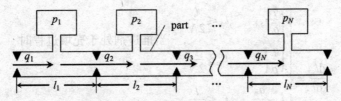

图 7.20　充填管道的分段示意图

$$R_i(l_i)\frac{\mathrm{d}q_i}{\mathrm{d}t} = p_{i-1} - p_i - \xi_i(l_i)\frac{q_i|q_i|}{\rho} + h_i(l_i)\rho g, \quad i = 2, \cdots, N \tag{7.198}$$

$$\chi_i(l_i)\frac{\mathrm{d}p_i}{\mathrm{d}t} = q_i - q_{i+1}, \quad i = 1, \cdots, N-1 \tag{7.199}$$

$$\frac{\mathrm{d}l_i}{\mathrm{d}t} = \begin{cases} \begin{cases} \dfrac{q_i}{\rho A}, & l_i \leqslant \dfrac{l}{2N} \\[2mm] \dfrac{q_{i+1}}{\rho A}, & l_i > \dfrac{l}{2N} \end{cases}, & \text{当推进剂处于充填过程时} \\[6mm] \begin{cases} -\dfrac{q_i}{\rho A}, & l_i \leqslant \dfrac{l}{2N} \\[2mm] -\dfrac{q_{i+1}}{\rho A}, & l_i > \dfrac{l}{2N} \end{cases}, & \text{当推进剂处于排空过程时} \end{cases} \qquad i = 1, 2, \cdots, N-1 \tag{7.200}$$

式中 $R_i(l_i) = \displaystyle\int_0^{l_i}\frac{\mathrm{d}x}{A}, h_i(l_i) = \frac{l_i}{l}h_i, \chi_i(l_i) = \frac{l_i}{l}\chi_i, l_i = \frac{l}{N}, h_i = \frac{h}{N}, \chi_i = \frac{V\rho}{NK}, l$ 是充填管道长度，A 是横截面积。q_1, p_N, l_N 的微分方程与这根管道的边界条件有关，必须与其它组件联合求解。

（11）充填管道 – 节流组件 – 充填管道模块

参照图 7.21，充填管道 – 节流元件 – 充填管道模块的微分方程为

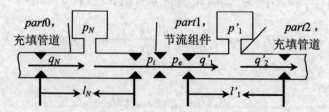

图 7.21　充填管道 – 节流组件 – 充填管道连接示意图

$$\chi_N(l_N)\frac{\mathrm{d}p_N}{\mathrm{d}t} = q_N - q'_1 \tag{7.201}$$

$$\chi'_1(l'_1)\frac{\mathrm{d}p'_1}{\mathrm{d}t} = q'_1 - q'_2 \tag{7.202}$$

$$\left[R_{N+1}(l_N) + R'_1(l'_1)\right]\frac{\mathrm{d}q'_1}{\mathrm{d}t} = p_N - p'_1 - \left[\xi_{N+1}(l_N) + \xi_{vf}(l_N) + \xi'_1(l'_1)\right]\frac{q'_1|q'_1|}{\rho}$$
$$+ \left[h_{N+1}(l_N) + h'_1(l'_1)\right]\rho g \tag{7.203}$$

$$\frac{\mathrm{d}l_N}{\mathrm{d}t} = \begin{cases} \begin{cases} \dfrac{q_N}{\rho A}, & l_N \leqslant \dfrac{l}{2N} \\[2mm] \dfrac{q'_1}{\rho A}, & l_N > \dfrac{l}{2N} \end{cases}, & \text{当推进剂处于充填过程时} \\[6mm] \begin{cases} -\dfrac{q_N}{\rho A}, & l_N \leqslant \dfrac{l}{2N} \\[2mm] -\dfrac{q'_1}{\rho A}, & l_N > \dfrac{l}{2N} \end{cases}, & \text{当推进剂处于排空过程时} \end{cases} \tag{7.204}$$

$$\frac{\mathrm{d}l'_1}{\mathrm{d}t} = \begin{cases} \begin{cases} \dfrac{q'_1}{\rho A}, & l'_1 \leqslant \dfrac{l'}{2N'} \\[2mm] \dfrac{q'_2}{\rho A'}, & l'_1 > \dfrac{l'}{2N'} \end{cases} & \text{当推进剂处于充填过程时} \\[8mm] \begin{cases} -\dfrac{q'_1}{\rho A'}, & l'_1 \leqslant \dfrac{l'}{2N'} \\[2mm] -\dfrac{q'_2}{\rho A'}, & l'_1 > \dfrac{l'}{2N'} \end{cases} & \text{当推进剂处于排空过程时} \end{cases} \qquad (7.205)$$

式中 $\chi_N(l_N) = \dfrac{l_N}{l}\chi, \chi'_1(l'_1) = \dfrac{l'_1}{l'}\chi'; R_{N+1}(l_N) = \int_{\frac{l_N}{2}}^{l_N} \dfrac{\mathrm{d}x}{A}, h_{N+1}(l_N) = \dfrac{2Nl_N - l/2}{l}h; \xi_{vf}(l_N) =$

$\begin{cases} 0, & l_n < l \\ \xi_{vf}, & l_n = l \end{cases}; R'_1(l'_1) = \int_0^{l'_1} \dfrac{\mathrm{d}x}{A'}, h'_1(l'_1) = \dfrac{l'_1}{l'}h'; \chi = \dfrac{V\rho}{K}, \chi' = \dfrac{V'\rho}{K}; l$ 是充填管道 $part0$ 的

长度，A 是充填管道 $part0$ 的横截面积，h 是充填管道 $part0$ 的高度；l' 是充填管道 $part2$ 的长度，A' 是充填管道 $part2$ 的横截面积，h' 是充填管道 $part2$ 的高度。

（12）充填管道 – 节流组件 – 回收池模块

参照图 7.22，充填管道 – 节流组件 – 回收池模块的微分方程为

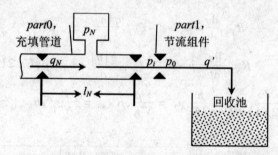

图 7.22　充填管道 – 节流元件 – 回收池连接示意图

$$\chi_N(l_N)\frac{\mathrm{d}p_N}{\mathrm{d}t} = q_N - q'_1 \qquad (7.206)$$

$$R_{N+1}(l_N)\frac{\mathrm{d}q'}{\mathrm{d}t} = p_N - p_0 - [\xi_{N+1}(l_N) + \xi_{vf}(l_N)]\frac{q'|q'|}{\rho} + h_{N+1}(l_N)\rho g \qquad (7.207)$$

$$\frac{\mathrm{d}l_N}{\mathrm{d}t} = \begin{cases} \begin{cases} \dfrac{q_N}{\rho A}, & l_N \leqslant \dfrac{l}{2N} \\[2mm] \dfrac{\xi'}{\rho A}, & l_N > \dfrac{l}{2N} \end{cases} & \text{当推进剂处于充填过程时} \\[8mm] \begin{cases} -\dfrac{q_N}{\rho A}, & l_N \leqslant \dfrac{l}{2N} \\[2mm] -\dfrac{\xi'}{-\rho A}, & l_N > \dfrac{l}{2N} \end{cases} & \text{当推进剂处于排空过程时} \end{cases} \qquad (7.208)$$

式中 $\chi_N(l_N) = \dfrac{l_N}{l}\chi, \chi = \dfrac{V\rho}{K}; R_{N+1}(l_N) = \int_{\frac{l_N}{2}}^{l_N} \dfrac{\mathrm{d}x}{A}, h_{N+1}(l_N) = \dfrac{2Nl_N - l/2}{l}h; \xi_{vf}(l_N) =$

$$\begin{cases}0, & l_n < l \\ \xi_{vf}, & l_n = l\end{cases}; l \text{ 是充填管道 } part0 \text{ 的长度},A \text{ 是充填管道 } part0 \text{ 的横截面积},h \text{ 是充填管道}$$

$part0$ 的高度;p_0 是环境压强。

（13）管道 – 虚拟管道 – 管道模块

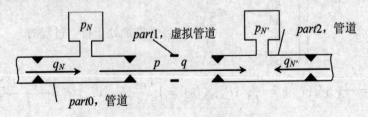

图 7.23　管道 – 虚拟管道 – 管道连接示意图

描述管道 – 虚拟管道 – 管道模块的微分方程包括：

$$\chi_N \frac{\mathrm{d}p_N}{\mathrm{d}t} = q_N - q \tag{7.209}$$

$$\chi_N' \frac{\mathrm{d}p_N'}{\mathrm{d}t} = q + q_N' \tag{7.210}$$

$$R_{N+1}\frac{\mathrm{d}q}{\mathrm{d}t} = p_N - p - \xi_{N+1}\frac{q|q|}{\rho} + h_{N+1}\rho g \tag{7.211}$$

$$R_{N'+1}\frac{\mathrm{d}q}{\mathrm{d}t} = p - p_N' - \xi_{N'+1}\frac{q|q|}{\rho} + h_{N'+1}\rho g \tag{7.212}$$

式中 $\chi_N = \dfrac{V\rho}{NK}, R_{N+1} = \dfrac{l}{2NA}, h_{N+1} = \dfrac{h}{2N}, \chi_{N'} = \dfrac{V'\rho}{N'K}, R_{N'+1} = \dfrac{l'}{2N'A'}, h_{N'+1} = \dfrac{h'}{2N'}$。式（7.211）加

上式（7.212）可得

$$(R_{N+1} + R_{N'+1})\frac{\mathrm{d}q}{\mathrm{d}t} = p_N - p_N' - (\xi_{N+1} + \xi_{N'+1})\frac{q|q|}{\rho} + (h_{N+1} + h_{N'+1})\rho g \tag{7.213}$$

（14）预燃室 – 涡轮 – 燃气导管模块

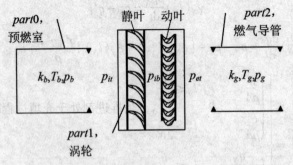

图 7.24　预燃室 – 涡轮 – 燃气导管连接示意图

预燃室 $part0$ 的微分方程为

$$\frac{\mathrm{d}[k_b(t)]}{\mathrm{d}t} = [k_b(t)+1][q_{bo1}(t-\tau_b) - k_b(t)q_{bf1}(t-\tau_b)]\frac{RT_b(t)}{p_b(t)V_b} \tag{7.214}$$

$$\frac{p_b(t)V_b\mathrm{d}[RT_b(t)]}{RT_b(t)}\mathrm{d}t = (\gamma_b-1)\left[\frac{\gamma_{b1}}{\gamma_{b1}-1}R_1T_{b1}(t-\tau_b)q_{b1}(t-\tau_b)\eta_b - \frac{\gamma_{b2}}{\gamma_{b2}-1}R_2T_{b2}(t)q_{mt}(t)\right]$$
$$- RT_b(t)\left[q_{b1}(t-\tau_b) - q_{mt}(t)\right] \tag{7.215}$$

$$V_b\frac{\mathrm{d}[p_b(t)]}{\mathrm{d}t} = (\gamma_b-1)\left[\frac{\gamma_{b1}}{\gamma_{b1}-1}R_1T_{b1}(t-\tau_b)q_{b1}(t-\tau_b)\eta_b - \frac{\gamma_{b2}}{\gamma_{b2}-1}R_2T_{b2}(t)q_{mt}(t)\right]$$
$$\tag{7.216}$$

式中 $k_b(t)$ 是预燃室组元比,$T_b(t)$ 是预燃室温度,$p_b(t)$ 是预燃室压强,τ_b 是预燃室燃烧时滞,η_b 是预燃室燃烧效率,γ_b 是预燃室燃气的等熵指数;$q_{bo1}(t)$ 是进入预燃室的氧化剂质量流量,$q_{bf1}(t)$ 是进入预燃室的燃料质量流量;$T_{b1}(t)$ 是预燃室入口温度,$T_{b2}(t)$ 是预燃室出口温度;γ_{b1} 是预燃室入口燃气的等熵指数,γ_{b2} 是预燃室出口燃气的等熵指数;V_b 是预燃室容积,$\xi_{mt}(t)$ 是涡轮质量流量。

涡轮入口压强可表示成

$$p_b - p_{it} = \xi_{it}\frac{q_{mt}^2}{\bar{\rho}_{it}} \tag{7.217}$$

式中 ξ_{it} 是涡轮入口的流阻系数;$\bar{\rho}$ 是平均密度,它可表示为

$$\bar{\rho}_{it} = \frac{\rho_b + \rho_{it}}{2} \tag{7.218}$$

其中

$$\rho_b = \frac{p_b}{RT_b}, \rho_{it} = \frac{p_{it}}{RT_{it}} = \frac{p_{it}}{RT_b} \tag{7.219}$$

综合以上三式可得

$$p_{it} = \sqrt{p_b^2 - \xi_{it}q_{mt}^2/2} \tag{7.220}$$

同理,涡轮出口压强为

$$p_{et} = \sqrt{p_g^2 + \xi_{et}q_{mt}^2/2} \tag{7.221}$$

涡轮流量方程为

$$q_{mt} = \begin{cases} \dfrac{\mu_t p_{it}A_{tt}}{\sqrt{RT_{it}}}\sqrt{\gamma_t\left(\dfrac{2}{\gamma_t-1}\right)^{\frac{\gamma_t+1}{\gamma_t-1}}} & \dfrac{p_{ib}}{p_{it}} \leqslant \left(\dfrac{2}{\gamma_t+1}\right)^{\frac{\gamma_t}{\gamma_t-1}} \\[4mm] \dfrac{\mu_t p_{it}A_{tt}}{\sqrt{RT_{it}}}\sqrt{\dfrac{2\gamma_t}{\gamma_t-1}\left[\left(\dfrac{p_{ib}}{p_{it}}\right)^{\frac{2}{\gamma_t}} - \left(\dfrac{p_{ib}}{p_{it}}\right)^{\frac{\gamma_t+1}{\gamma_t}}\right]} & \dfrac{p_{ib}}{p_{it}} > \left(\dfrac{2}{\gamma_t+1}\right)^{\frac{\gamma_t}{\gamma_t-1}} \end{cases} \tag{7.222}$$

涡轮静叶出口压强 p_{ib} 的计算公式为

$$p_{ib} = p_{it}\left[\theta + (1+\theta)\left(\frac{p_{et}}{p_{it}}\right)^{\frac{\gamma_t-1}{\gamma_t}}\right]^{\frac{\gamma_t}{\gamma_t-1}} \tag{7.223}$$

式中 θ 是涡轮的反力度。

燃气导管 *part*2 的微分方程为

$$\frac{\mathrm{d}[k_g(t)]}{\mathrm{d}t} = [k_g(t)+1][q_{go1}(t) - k_g(t)q_{gf1}(t)]\frac{RT_g(t)}{p_g(t)V_g} \tag{7.224}$$

$$\frac{p_g(t)V_g\mathrm{d}\big[RT_g(t)\big]}{RT_g(t)\,\mathrm{d}t} = (\gamma_g - 1)\Big[\frac{\gamma_{g1}}{\gamma_{g1}-1}R_1 T_{g1}(t)q_{g1}(t) - \frac{\gamma_{g2}}{\gamma_{g2}-1}R_2 T_{g2}(t)q_{g2}(t)\Big]$$
$$- RT_g(t)\big[q_{g1}(t) - q_{g2}(t)\big] \tag{7.225}$$

$$V_g\frac{\mathrm{d}\big[p_g(t)\big]}{\mathrm{d}t} = (\gamma_g - 1)\Big[\frac{\gamma_{g1}}{\gamma_{g1}-1}R_1 T_{g1}(t)q_{g1}(t) - \frac{\gamma_{g2}}{\gamma_{g2}-1}R_2 T_{g2}(t)q_{g2}(t)\Big] \tag{7.226}$$

式中 $k_g(t)$ 是燃气导管组元比，$T_g(t)$ 是燃气导管温度，$p_g(t)$ 是燃气导管压强，γ_g 是燃气导管燃气的等熵指数；$q_{g1}(t) = g_{go1}(t) + q_{gf1}(t)$，$q_{go1}(t)$ 是进入燃气导管的燃气中的氧化剂质量流量，$q_{gf1}(t)$ 是进入燃气导管的燃气中的燃料质量流量，$q_{g2}(t)$ 是流出燃气导管的质量流量；$T_{g1}(t)$ 是燃气导管入口温度，$T_{g2}(t)$ 是燃气导管出口温度；γ_{g1} 是燃气导管入口燃气的等熵指数，γ_{g2} 是燃气导管出口燃气的等熵指数；V_g 是燃气导管容积。

燃气导管入口温度的计算公式为

$$T_{g1} = T_{et} = T_{it} - T_{it}\Big[1 - \Big(\frac{p_{et}}{p_{it}}\Big)^{\frac{\gamma_t-1}{\gamma_t}}\Big]\eta_t \tag{7.227}$$

(15)燃烧室模块

燃烧室的微分方程为

$$\frac{\mathrm{d}\big[k_c(t)\big]}{\mathrm{d}t} = \big[k_c(t)+1\big]\big[q_{co1}(t-\tau_c) - k_c(t)q_{cf1}(t-\tau_c)\big]\frac{RT_c(t)}{p_c(t)V_c} \tag{7.228}$$

$$\frac{p_c(t)V_c\mathrm{d}\big[RT_c(t)\big]}{RT_c(t)\,\mathrm{d}t} = (\gamma_c - 1)\Big[\frac{\gamma_{c1}}{\gamma_{c1}-1}R_1 T_{c1}(t-\tau_c)q_{c1}(t-\tau_c)\eta_c - \frac{\gamma_{c2}}{\gamma_{c2}-1}R_2 T_{c2}(t)q_n(t)\Big]$$
$$- RT_c(t)\big[q_{c1}(t-\tau_c) - q_n(t)\big] \tag{7.229}$$

$$V_c\frac{\mathrm{d}\big[p_c(t)\big]}{\mathrm{d}t} = (\gamma_c - 1)\Big[\frac{\gamma_{c1}}{\gamma_{c1}-1}R_1 T_{c1}(t-\tau_c)q_{c1}(t-\tau_c)\eta_c - \frac{\gamma_{c2}}{\gamma_{c2}-1}R_2 T_{c2}(t)q_n(t)\Big]$$
$$\tag{7.230}$$

式中 $k_c(t)$ 是燃烧室组元比，$T_c(t)$ 是燃烧室温度，$p_c(t)$ 是燃烧室压强，τ_c 是燃烧室燃烧时滞，η_c 是燃烧室燃烧效率，γ_c 是燃烧室燃气的等熵指数；$q_{co1}(t)$ 是进入燃烧室的氧化剂质量流量，$q_{cf1}(t)$ 是进入燃烧室的燃料质量流量；$T_{c1}(t)$ 是燃烧室入口温度，$T_{c2}(t)$ 是燃烧室出口温度；γ_{c1} 是燃烧室入口燃气的等熵指数，γ_{c2} 是燃烧室出口燃气的等熵指数；$q_n(t)$ 是喷管中燃气的质量流量；V_c 是燃烧室容积。

(16)喷管模块

喷管流量为

$$q_n = \begin{cases} \dfrac{\mu_n p_c A_t}{\sqrt{RT_c}}\sqrt{\gamma_n\Big(\dfrac{2}{\gamma_n+1}\Big)^{\frac{\gamma_n+1}{\gamma_n-1}}} & \dfrac{p_0}{p_c} \leqslant \Big(\dfrac{2}{\gamma_n+1}\Big)^{\frac{\gamma_n}{\gamma_n-1}} \\[4mm] \dfrac{\mu_n p_c A_t}{\sqrt{RT_c}}\sqrt{\dfrac{2\gamma_n}{\gamma_n-1}\Big[\Big(\dfrac{p_0}{p_c}\Big)^{\frac{2}{\gamma_n}} - \Big(\dfrac{p_0}{p_c}\Big)^{\frac{\gamma_n+1}{\gamma_n}}\Big]} & \dfrac{p_0}{p_c} > \Big(\dfrac{2}{\gamma_n+1}\Big)^{\frac{\gamma_n}{\gamma_n-1}} \end{cases} \tag{7.231}$$

式中 μ_n 是喷管流量系数，p_0 是环境压强，p_c 是燃烧室压强。

（17）涡轮泵模块

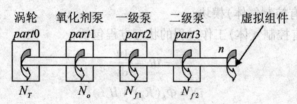

图 7.25　涡轮泵模块示意图

涡轮泵模块的转速方程为

$$J \frac{\mathrm{d}w}{\mathrm{d}t} = M_T - \sum_I M_{Hi} \tag{7.232}$$

其中 J 是涡轮旋转部分的总转动惯量,包括涡轮泵的转动组件和泵内液体部分(其中液体部分按涡轮泵部分的5%计算);w 是涡轮泵转动角速度,$w = 2n\pi/60$;M_T,M_{Hi} 分别为涡轮和第 i 台泵的力矩。

力矩与功率之间的关系表示为

$$M = \frac{N}{w} = \frac{60N}{2n\pi} = \frac{30N}{n\pi} \tag{7.233}$$

式中 N 是涡轮泵的功率,n 是涡轮泵的转速。把(7.233)式代入(7.232)式可得

$$J \frac{\pi}{30} \frac{\mathrm{d}n}{\mathrm{d}t} = \frac{30}{n\pi}(N_T - \sum_i N_{Hi}) \tag{7.234}$$

整理上式有

$$J \frac{\mathrm{d}n}{\mathrm{d}t} = \frac{900}{n\pi^2} [N_T - (N_o + N_{f1} + N_{f2})] \tag{7.235}$$

其中 N_T 是涡轮的功率,N_o 是氧化剂泵的功率,N_{f1},N_{f2} 分别为一、二级燃料泵的功率。

涡轮的功率为

$$N_T = \frac{c_t^2 q_{mt} \eta_t}{2} \tag{7.236}$$

式中 c_t 是涡轮气体轴向速度,q_{mt} 是涡轮流量,η_t 是涡轮效率。

氧化剂泵的功率为

$$N_o = \frac{q_{po} \Delta p_{po}}{\eta_{po} \rho_o} \tag{7.237}$$

式中 q_{po} 是氧化剂泵流量,Δp_{po} 是氧化剂泵压升,η_{po} 是氧化剂泵的总效率。

一级燃料泵的功率为

$$N_{f1} = \frac{q_{pf1} \Delta p_{pf1}}{\eta_{pf1} \rho_f} \tag{7.238}$$

式中 q_{pf1} 是一级燃料泵流量,Δp_{pf1} 是一级燃料泵压升,η_{pf1} 是一级燃料泵的总效率。

二级燃料泵的功率为

$$N_{f2} = \frac{q_{pf2} \Delta p_{pf2}}{\eta_{pf2} \rho_f} \tag{7.239}$$

式中 q_{pf2} 是二级燃料泵流量，Δp_{pf2} 是二级燃料泵压升，η_{pf2} 是二级燃料泵的总效率。

（18）电磁阀（有控制气体）模块

描述电磁阀（有控制气体）工作过程的状态方程包括：

$$U = iR_i + \frac{\mathrm{d}\Psi}{\mathrm{d}t} \qquad (7.240)$$

$$iN = \Phi_\delta(R_\delta) + H_c L_c \qquad (7.241)$$

$$m_{t1}\frac{\mathrm{d}u_1}{\mathrm{d}t} = F_x + F_{p1} - F_{f1} - F_{c1} \qquad (7.242)$$

$$\frac{\mathrm{d}x_1}{\mathrm{d}t} = u_1 \qquad (7.243)$$

$$m_1\frac{\mathrm{d}T_1}{\mathrm{d}t} = q_{1in}\gamma T_i - q_{2in}\gamma T_j - q_{out}\gamma T_e - T_1(q_{1in} - q_{2in} - q_{out}) - \frac{\gamma-1}{R}p_1 A_{n1} u_1 \qquad (7.244)$$

$$V_1\frac{\mathrm{d}p_1}{\mathrm{d}t} = q_{1in}\gamma R T_i - q_{2in}\gamma R T_j - q_{out}\gamma R T_e - \gamma p_1 A_{n1} u_1 \qquad (7.245)$$

$$\frac{\mathrm{d}V_1}{\mathrm{d}t} = A_{n1} u_1 \qquad (7.246)$$

$$m_{t2}\frac{\mathrm{d}u_2}{\mathrm{d}t} = F_{p2} - F_{f2} - F_{c2} \qquad (7.247)$$

$$\frac{\mathrm{d}x_2}{\mathrm{d}t} = u_2 \qquad (7.248)$$

$$m_2\frac{\mathrm{d}T_2}{\mathrm{d}t} = q_{2in}\gamma T_j - T_2 q_{2in} - \frac{\gamma-1}{R}p_2 A_{n2} u_2 \qquad (7.249)$$

$$V_2\frac{\mathrm{d}p_2}{\mathrm{d}t} = q_{2in}\gamma R T_j - \gamma p_2 A_{n2} u_2 \qquad (7.250)$$

$$\frac{\mathrm{d}V_2}{\mathrm{d}t} = A_{n2} u_2 \qquad (7.251)$$

（19）电磁阀（无控制气体）模块

描述电磁阀（无控制气体）工作过程的状态方程包括：

$$U = iR_i + \frac{\mathrm{d}\Psi}{\mathrm{d}t} \qquad (7.252)$$

$$iN = \Phi_\delta(R_\delta) + H_c L_c \qquad (7.253)$$

$$m_t\frac{\mathrm{d}u}{\mathrm{d}t} = F_x + F_p - F_f - F_c \qquad (7.254)$$

$$\frac{\mathrm{d}x}{\mathrm{d}t} = u \qquad (7.255)$$

第八章　泵压式液体火箭发动机
起动过程仿真分析

对于大型泵压式液体火箭发动机工作过程来说,最重要、最关键的工作过程是液体火箭发动机系统的起动过程。起动的成功与否直接关系到航天运载器的发射成败。在液体火箭发动机起动过程中推进剂组元发生极为复杂的化学物理变化,发动机系统参数在大范围内迅速地变化。因此对液体火箭发动机起动过程进行深入仿真研究,揭示其规律,显然是非常有意义的。

泵压式液体火箭发动机起动过程的动态特性主要由阀打开时序确定。为了获得优良的液体火箭发动机起动特性,需要优化各种阀打开时间。本章考虑在液体火箭发动机入口压强不变的情况下,对氧化剂主阀、燃气发生器燃料阀和回流路燃料阀打开时间进行了研究,并对泵压式液体火箭发动机起动过程进行了仿真分析。

8.1　发动机起动过程描述

泵压式液体火箭发动机起动过程的模块化模型已在第七章给出,需进一步说明的是,起动之前氧化剂已充填至流量调节器及燃料主阀前。起动时,先挤压起动箱,再经过一段时间后打开氧化剂主阀,氧化剂充填完阀后管道与发生器头部后进入发生器,经过某一时间后打开发生器燃料阀,点火剂和燃料相继进入发生器和氧化剂燃烧,产生的富氧燃气驱动涡轮。进入发生器的燃料流量由流量调节器来控制。在主涡轮泵(涡轮、氧化剂泵、燃料一级和二级泵)转速达到某一值后,打开燃料主阀,燃烧剂经过三组孔板流入回收池。阀门打开时序如图 8.1 所示。

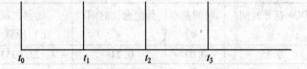

图 8.1　发动机起动过程阀打开时序示意图

8.2　发动机起动过程仿真分析

发动机控制阀主要有:氧化剂主阀、起动箱、回流路燃料阀和燃气发生器燃料阀。因其都受电动气阀控制,依次简称为:DQ1、DQ2、DQ3 和 DQ4。

8.2.1　发动机起动时序确定

(1)确定发动机起动时序的目的和原则

① 确定氧化剂和点火剂进入发生器的时序。

② 确保联试装置起动时工况变化平稳。

③ 点火后发生器混合比变化超过 200 小于 50 的时间不超过 0.25 秒,以确保发生器的点火可靠,并确保燃气发生器和涡轮不被烧蚀。

④ 试验装置组合件的瞬态工作参数不超过设计值。

⑤ 推力室燃料阀的入口压强如果大于 6.0MPa,该阀在控制力的作用下将无法打开,因此该阀打开时,一级燃料泵后压强不大于 6.0MPa。

⑥ 确保发生器燃料路不出现倒流。

发动机起动时序组件为:氧化剂主阀、起动箱、回流路燃料阀和燃气发生器燃料阀。因此,确定起动时序的实质问题就是确定上述四个电动气阀的动作时序。

(2)DQ1、DQ4 的工作时序

DQ1、DQ4 的工作时序反映的是氧化剂主阀和发生器燃料阀的打开时间。氧化剂主阀和发生器燃料阀的打开时序决定了氧化剂和燃料进入燃气发生器的时间差,决定了起动时燃气发生器的温度变化过程。这一时间差如果过短将造成燃气发生器温度过高(低混合比时间延长),可能烧毁发生器和涡轮,过长则会使燃气发生器燃料路出现倒流(见表 8.1),这是因为液压继动器开始转级时流量调节器入口压强过大,超出了调节范围。DQ1、DQ4 的工作时序对整个起动过程的影响如图 8.2 所示。

表 8.1　DQ1、DQ4 打开时间的仿真结果对比

DQ1 打开时间/s	DQ4 打开时间/s	时间差/s	低混合比时间/s	燃料二级泵/出口压强/MPa	是否出现倒流
0.28	0.35	0.07	0.248	21.935376	否
0.26	0.38	0.12	0.206	21.935254	否
0.26	0.40	0.14	0.166	21.935951	否
0.26	0.43	0.17	0.091	21.935927	否
0.25	0.43	0.18	0.055	21.936087	是
0.24	0.43	0.19	0.046	21.936100	是
0.26	0.48	0.22	0.016	21.936112	是

注:DQ2、DQ3 的打开时间依次为:0s, 0.65s。

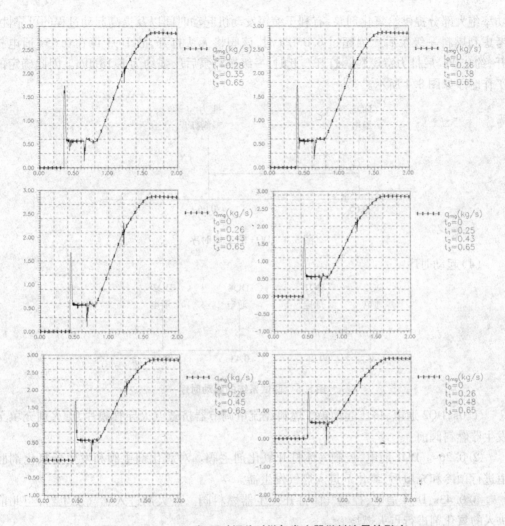

图 8.2 DQ1、DQ4 打开时间差对燃气发生器燃料流量的影响

根据仿真结果,氧化剂和燃料进入燃气发生器的时间必须许小于 0.18s。因此确定的工作时序如图 8.3 所示。

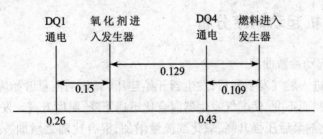

图 8.3 DQ1、DQ4 的工作时序

(3)DQ3 的工作时序

发动机推力室燃料阀的打开时间对涡轮功率有一定的影响,推迟打开该阀可使涡轮功率绝大部分提供给氧化剂泵,有利于缩短发动机起动时间以及提高起动过程的可靠性。考虑到燃料一级泵后压强超过 6.0MPa 时,该阀将无法打开,故 DQ3 可在 0.65s 通电打开,约 0.06s 后推力室燃料阀打开。此时,一级燃料泵后压强约为 3.18MPa。因此确定的工作时序如图 8.4 所示。

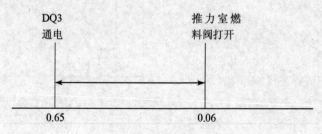

图 8.4　DQ3 的工作时序

(4)起动时序

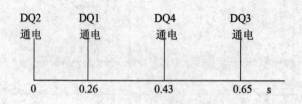

图 8.5　联试系统的起动时序

① 0s,DQ2 通电,挤压起动箱。燃料经流量调节器挤破点火导管膜片,点火剂充填至发生器燃料阀前。

② 0.26s。DQ1 通电,控制气体打开氧化剂主阀。对氧化剂主阀和发生器氧化剂腔道进行预冷和充填后,氧化剂进入燃气发生器。

③ 0.43s,DQ4 通电,控制气体打开发生器燃料阀。点火剂进入燃气发生器,与此前进入的氧化剂进行点火燃烧。

④ 0.65s,DQ3 通电,控制气体打开推力室燃料阀。一级燃料泵后燃料进入试车台燃料回流系统。

8.2.2　发动机起动时序分析

(1)发动机起动参数曲线

由于点火剂进入燃气发生器后,发生器开始建压,氧化剂流量开始降低,而燃料流量受流量调节器控制而不变,使燃气发生器混合比迅速下降,温度升高。发生器产生的燃气驱动涡轮泵,氧化剂泵后压强升高,氧化剂流量增加,混合比随之增加。当一级燃料泵后压强达到一定值时,液压继动器开始转级。燃料流量开始增加(由于燃气发生器内压强较高,其流量先稍微下降然后上升),混合比下降,温度升高,燃气发生器内压强升高,氧化剂流量减小,随着氧化剂泵后压强的相应升高,氧化剂流量迅速回升,混合比随之增加。二级燃料泵后压强大于起动箱压强时(约 1.2s),起动箱至流量调节器路自动关闭,燃料由二级泵供应,约1.6s进入稳态工况,起动完毕。整个起动过程的参数曲线如图8.6所示。

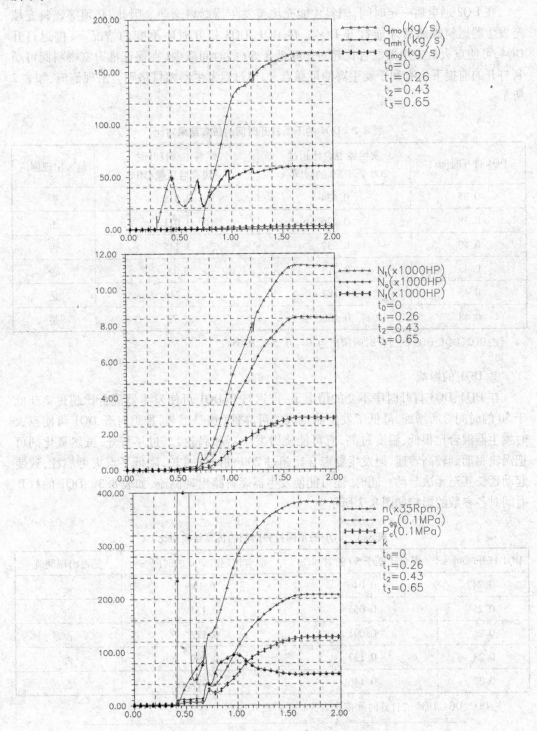

图8.6　发动机起动过程曲线

（2）起动时序对整个起动过程的影响

① DQ4 的影响

在 DQ2 通电后一定时间,燃料才能充填至发生器燃料阀前。因此,必须等燃料充填至发生器燃料阀前后才能打开 DQ4。在 DQ1、DQ3 打开时序不变的情况下,推迟打开 DQ4,可使点火后发生器混合比超过 200 低于 50 的时间减少(在保证推力室燃料阀可顺利打开的前提下),有利于发生器的可靠点火,但过迟发生器燃料路则会出现倒流,如表 2 所示。

表 8.2　DQ4 的不同打开时间的仿真结果对比

DQ4 打开时间/s	发生器混合比超过 200 低于 50 的时间/s	燃料主阀打开时一级泵后压强/MPa	是否出现倒流
0.35	0.434	2.818	否
0.38	0.276	3.071	否
0.40	0.257	3.145	否
0.43	0.213	3.18	否
0.45	0.187	2.248	是
0.48	0.188	1.72	是

注:DQ2、DQ1、DQ3 的打开时间依次为:0s,0.26s,0.65s。

② DQ1 的影响

在 DQ4、DQ3 打开时序不变的情况下,推迟打开 DQ1 可使发生器混合比超过 200 低于 50 的时间有所增加,降低了发生器点火的可靠性(这是因为,推迟打开 DQ1 可使点火时发生器混合比很低,温度过高,有可能烧毁发生器和涡轮)。过早打开,虽然氧化剂可把涡轮驱动到较高转速,但发生器混合比超过 200 的时间过长,降低了点火可靠性,致使起动延长甚至无法起动。同时,还可能使发生器燃料路出现倒流,如表 8.3。DQ1 的打开时间对各参数的影响如图 8.7 所示。

表 8.3　DQ1 的不同打开时间的仿真结果对比

DQ1 打开时间/s	混合比低于 50 的时间/s	混合比超过 200 的时间/s	是否出现倒流
0.24	0.046	0.14	是
0.25	0.055	0.131	否
0.26	0.091	0.122	否
0.28	0.137	0.099	否
0.30	0.146	0.081	否

注:DQ2、DQ4、DQ3 的打开时间依次为:0s,0.43s,0.65s。

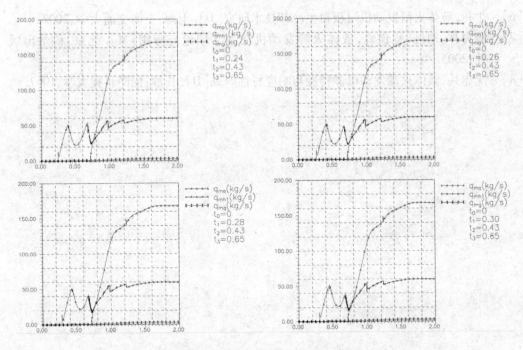

图 8.7　DQ1 工作时序对流量的影响

③ DQ3 的影响

推迟打开 DQ3,可使涡轮功率的绝大部分提供给氧化剂泵,有利于缩短整个系统的起动时间,但受到推力室燃料主阀打开压强的影响,必须在一级燃料泵后压强达到6.0MPa 前将其打开。

在 DQ4、DQ1 打开时序不变的情况下,延迟打开 DQ3,可使发生器混合比超过 200 低于 50 的时间和一级泵出口压强有所增加,不利于起动的可靠性。提前打开对各参数影响较小。这是因为流量调节器在一级泵后压强小于某一值时处于小流量状态。燃料较多地进入燃烧室的时间主要依赖于流量调节器从小流量状态转入主级状态的时间,而不是推力室燃料阀打开的时间。

第三篇参考文献

［1］　方清华.圆形直管湍流光滑管区的摩擦因数计算［J］.管道技术与设备,2005(3).

［2］　方清华.圆形直管湍流粗糙管区的摩擦因数计算［J］.管道技术与设备,2005(4).

［3］　朱林,邵丽梅,孙海英.粘弹性流体管道局部阻力测试及计算［J］.油气田地面工程,2004,23(12).

［4］　张兴波,李平,陈建华,李向阳,刘占国.液体火箭发动机工作过程的数学模拟［Z］.西安:中国航天科技集团公司第六研究院,1999.

［5］　陈杰.航天运载器液体推进剂火箭发动机构型研究［D］.长沙:国防科技大学,1991.

[6] 牛禄.液体火箭发动机层板再生冷却技术研究[D].上海:上海交通大学,2002.

[7] 张育林,刘昆,程谋森,液体火箭发动机动力学理论与应用[M].北京:科学出版社,2005.

[8] 沈赤兵,液体火箭发动机静特性与响应特性研究[D].长沙:国防科技大学,1997.